U0907645
有种，请坐第一排
蔡淇华／著
江苏凤凰文艺出版社
JIANGSU PHOENIX LITERATURE AND ART PUBLISHING, LTD

坐坐第一排，你会发现一片崭新的风景，

甚至找到一个魔幻入口，抵达意想不到的人生。

一生之中，有时候是你造就了选择，
有时候是选择造就了你。

真正的创意来自生活，

你认真地生活，然后创意就会一点一滴生出来。

快乐是可以练习的，

练久了就会发现，

再不快乐说放下就放下了。

一个人十岁前居住的地方是他一生的原乡，

这辈子不管流浪到哪里都会想回去，即使是在梦中。

作者序

微光中的第一排

到达格林尼治天文台时，天空万里无云，春衫薄衣就入园了，等到从海事博物馆出来，突然乌云密布，噼里啪啦下起冰雹，一旁的陈宽定教授急忙拿下他的围巾，叫我披上防寒。宽定教授总是如此细心照顾旁人，尤其是他的学生。

2015年的师铎奖参访团中，宽定教授是整团的快乐发动机。二十年前，曾在世界奥林匹克厨艺大赛中，一人包揽双金的陈宽定教授，放弃凯悦主厨的高薪，在李福登校长力邀下，创办高雄餐旅大学西餐厨艺科，以教育将餐饮在台湾的位阶提升到今日的高度。但如果他不说，没有人知道他五年前曾罹患淋巴癌，而在他养病的一年时间，四十个学生轮流到他家煮饭给他吃，用他教的烹饪技术。

为什么学生愿意如此回报一位老师？那是因为这位老师付出的更多。宽定教授把所有心思全花在学生身上，出钱出力，教技艺，更教品格。为了栽培接班人，他向企业募款三百万，送学习态度最好的学生留学；但条件是，回来后一定要投入教育，把台湾学生再带到世界上发光。

其实整个团的老师都像宽定教授一样，念兹在兹的都是下一代的出路。同寝的杨志朗老师，推广阅读推到要爆肝[1]，每个月还捐一万五千元给学校买新书。

台湾第一所生态学校——樟湖生态中小学——校长陈清圳忙着保护山林溪流，忙着教学生认识家乡，忙着扶助弱势，忙着用登百岳、骑脚踏车环岛的方式，把学生的自信带出来。

[1] 爆肝：台湾口语用词，形容极度辛苦，肝都到了要爆炸的程度。

“出来这几天，一个学生说想校长，天天哭。”清圳校长虽是开着玩笑讲，但我知道那是多少牺牲才带出来的感动，是多少坚持才能得到的些微成果。

走到本初子午线时，雨势渐小，团员们纷纷横跨东西半球，踩在标准零度经线上——1884年在华盛顿会议上由各国决定的虚拟线。那时，英国还是强权，但在政治与经济皆进退失据的2015年，英国教育当局渐渐转向，要走回台湾过去考试至上的老路，而台湾却已决定要往西方开放的传统靠拢。

不管东西方教育，似乎都像今日格林尼治的天气一般，充满了不确定感，但确定的是，在世界各国交流愈来愈快速的今世，单一的教育思维已无法应付瞬息万变的世局。于是在出版了两本书之后，我仍不断思考要如何以教育为经、能力为纬，构建出下一代年轻人的青春盛世。

半年来累积了一些文字，今经时报出版公司结集为《有种，请坐第一排》，我没把握自己的文字是否能扛得起这么磅礴的书名，但我有把握的是，像宽定教授、志朗老师、清圳校长和我，永远都愿意当小小的火种，照亮台湾的青春世代，带领他们在世界的微光中，找到属于自己的第一排位置！

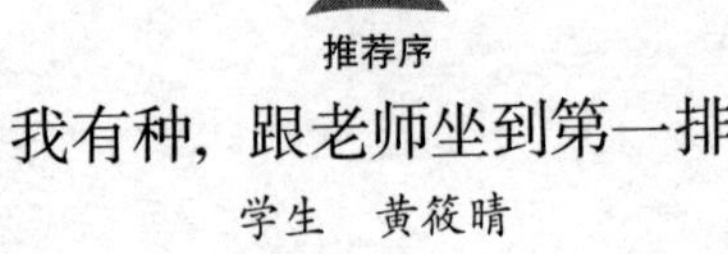

推荐序

我有种，跟老师坐到第一排

学生　黄筱晴

蔡老师是个怪咖，办一堆与升学不相关的活动。他教我们班英文，却每个星期五早自习教同学读诗、写散文，我不喜欢文学，所以高一时都躲在最后一排。

老师是图书馆主任，却举办很多国际活动，拓展同学眼界；同学请他指导国际网博，他却带同学去改善一中街，最近还带同学去抢救杨逵[1]的东海花园。他希望学生在体验中学习，而我大概是体验最多的吧！

初三时，跟他一起接待美国得州的交换学生；高一时，参加他创立的中台湾模拟联合国会议，还被他带到波士顿与

[1] 杨逵（1905 年 10 月 18 日—1985 年 3 月 12 日），中国台湾台南人，著名小说家、爱国作家。著有小说《灵签》《难产》等。

姊妹校签约。高二时更疯，参加他利用午休时间举办的“让世界走进惠文”的三十几场活动，认识了三十几个国家的朋友。老师也让我有机会参与国际性会议，最后还采访到一位美国名模，与她成为泡桑拿、谈心事的挚友，甚至与她在家中开睡衣派对、半夜聊人生，即使请了几十堂课的假，我也认为非常值得。

我曾怀疑蔡老师举行的这些活动对我有什么帮助，时间证明，跟着他的脚步走，一定获益。他教英文却不局限于教室内，我的英文反而更好！他教文学，让我们这个不被看好的班级，拿下了全台湾网博第一、校刊金质奖，以及几十个诗、散文、小说和微电影的奖项。

原来老师可以不只教课本上的东西，不硬把知识塞给学生，蔡老师觉得最重要的是“激发热情”。

学生若有兴趣学习，怎么会不想读书呢？

蔡老师是我的恩师，凭着他傻傻做事的热忱，给了我的人生好几个转折点！他常常跟我开玩笑："Shelly，你是我教过的学生中最会利用我的人！"我就要毕业了，很庆幸曾经坐在蔡老师课堂的第一排，"好好利用"过他。他让我知道，世界充满了机会，能够利用机会学习，是学生需要具备的基本态度。有了这样的态度，"找不到工作""没资源"等抱怨就不会一直被年轻一代挂在嘴边。

恭喜老师出新书！更希望大家读了这本书之后，像我一样，从教室最后一排，坐到世界的第一排。

有种，请坐第一排

目录

♡

PART ONE

与磨炼、机会面对面

勇敢坐到第一排

CONTENTS

PART TWO

立命安身之品格

当个让人放心的人

目 录

PART THREE

安度青春暗涌

你知道女同学在想什么吗?

PART FOUR

推开社会现实之门

一颗松子的坚持

PART
ONE 一

与磨炼、机会面对面

勇敢坐到第一排

01 有种，请坐第一排

坐坐第一排，

你会发现一片崭新的风景，

甚至找到一个魔幻入口，

抵达一个意想不到的人生。

每次学校召集老师开会，大家都挤在后面，留下空荡荡的前排，令人不觉莞尔，因为上课时，学生同样喜欢离老师远一点，没人要坐第一排。若偶尔坐坐第一排，你会发现一片崭新的风景，甚至找到一个魔幻入口，抵达一个意想不到的人生。

小学时，个子矮被迫坐前排；高中时，叛逆只选后面座位；大学时，对课堂的质量极其失望，我难得进教室，去了当然只坐最后一排，因为逃学也快一点。

大二时，一位刚拿到硕士学位的年轻影评人担任讲师，他每周都会介绍新电影，甚至有系统地探讨各国导演。我愈听心愈热，不仅不逃学，反而愈坐愈近，最后坐到教室的第一排了。

从小津安二郎的三尺镜头听到爱森斯坦（Sergei Mikhailovich Eisenstein）的蒙太奇，下课后再追着老师，从伯格曼（Ernst Ingmar Bergman）的《第七封印》聊到特品弗（François Truffaut）的《四百击》。那个学期，我的生命就像《四百击》中最后一分多钟的长镜头，逃跑的小男孩一直跑一直跑，跑到海滩，看到了不曾看过的海；又像电影结尾的定格，小男孩对观众回眸，好像在问:“你为你的梦想跑过吗？”

“我没有，但我就要开始跑了！”我当下如是回答。

于是我开始有系统地看书、看电影，一年内啃完志文新潮文库，还拿打工的钱看了上百部经典电影，最后竟然拿到一个大报的大专影评首奖。我终于知道那位影评人对我的影响有多深，也知道自己不是不爱上课，但前提是——那位老师要有料。

但有料的老师太难找了！许多台湾的老师是从书堆里爬出来的，是 thinker 不是 doer，只讲空洞的理论，说不出具体的关键细节，所以我又逃学了。

大三、大四时成了文艺营干部，有权邀请名家演讲，但发觉这些名家大多没经过口语表达训练，普遍“写的比说的好听”，一场演讲下来往往空洞无物。更惨的是那些“博士翻译”,他们引进国外最新思潮,满口“符号学”“现象学”“解构主义”，讲完后台下听众睡眼惺忪。

“我们程度太差吧！”听不懂的我们,只能这样自我解嘲。

没想到几年之后，我当了老师，甚至担任行政职务，一年要安排逾二十场演讲，这下子我不仅要担心学生不坐第一排，而且还要担心他们睡成一片。

十几年过去了，我听了不下两百场演讲，都坐第一排。其中像是讲散文的石德华、讲新诗的严忠政和讲小说的许荣哲，都非所谓的名家，却能旁敲侧击、博引巧喻，用心准备每一堂课，过去像雾又像花的文学术语变得具体可触。我甚至不断叨扰他们，坐到他们生命的第一排，重新学习，才得以在辍笔二十年后，重新进入写作状态。

但我心中亦有遗憾——过去的我和无数世代的学子，浪费了太多时间在无效的课堂上。

人类在 21 世纪把升学游戏玩到最高峰，管你喜不喜欢，过半的年轻人命定要进入一个叫大学的地方，如果遇到每年集满论文点数就能长保金刚不坏的老师，就被合法浪费最宝贵的时光。但是时间不等人，学习不能停止，每位年轻人都必须面临职场的最终审判。

所以，不要忘了寻找校园内外的真正达人，他们可能是在业界打滚多年的兼职教授，可能是外聘的技术讲师，可能是把学生看得比升学更重要的“异类”，更可能是刚刚拿到教师资格，却用生命去准备、去翻转每一堂课的具有师魂的人。

记得去找这些良师，然后坐在第一排，就像二十多年前那个朗朗的夏日，一个怯生生的硕士颤巍巍步上讲台，却让我的眼睛一开，天空也开了，我开始相信有一天，我也能够在教室里挪动位置，慢慢坐到世界的第一排。

我的眼睛一开，天空也开了，我开始相信有一天，我也能够在教室里挪动位置，慢慢坐到世界的第一排。

02 游进自己的那条河

每个人都是天才，

但如果你用爬树的能力来评判一条鱼，

鱼一生都会相信自己很愚蠢。

寒假带女儿回学校拿东西，女儿随口嘟囔："我不喜欢回到这个伤心的地方。"

"哈！"我很讶异，"中学的老师不是都对你很好吗？"

"老师都很好，但在这里我是白痴。"

我终于懂女儿的意思，因为中学时，数理科让她苦不堪言，算数学题常算到哭，就算尽了全力熬夜拼搏，月考成绩也只能落在中段。联考后，同仁的小孩过半上第一志愿，其他也都念明星高中，就我的女儿落点 PR60[1]多，连自己学校的高中部都考不上。

我决定让女儿念高职，同事很惊讶，连女儿都不置可否，所以我必须先说服她："你觉得爸爸做事是不是很有信心？"

"超臭屁，超有信心。"

"但爸爸过去很没信心，因为爸爸的数理也不好，所以考高中考了两次，大学联考数学考十二分，只能念私校，但因为学业的打击，长期自我期许不足，大学念到重修科目太多，要补修到第五年才能毕业。"

[1] PR60：在台湾 PR 值是指将参加考试的所有考生总分排序后，依照人数均分成 100 等份，拿到 PR60，即表示该学生分数高于 60%的考生。

“那奇怪，为什么你现在变得自信到有点自大？”

“哈，那是因为我毕业后选择了自己擅长的跑道。我发觉当英文老师，只考国文、英文两科，刚好是我擅长的科目，结果怎么考怎么上，才知道以前中学比五科，我是白痴，但现在只比两科，我是天才。”

“爸，我好像懂了，我不想再当白痴了。”

“所以我们不要再念五科课业都很重的高中，我们念高职好吗？”

女儿接受了，虽然高职也有数理史地，但课程轻、难度低，女儿竟然喜欢上了数学：“爸，大人为什么自以为是，老给我们太难的课程，然后说这是适合我们的程度？其实高职的数学不难，我反而愈读愈有信心。”

“大概是制定课程的教授和老师，以为全世界的人都和他们一样会念书吧！”我只能如此自嘲。

女儿在高职如鱼得水，最后考上第一志愿，现在自信心十足，不仅当上系学会副会长，还敢一人站在台前带几百人跳舞，和以前的退缩胆怯相比，不可同日而语。

“爸，我很幸运是你生的，因为你知道哪一条路适合我，如果我是别人的女儿，现在还会自觉是个白痴。”那天回程在车上，女儿有感而发地说。

爱因斯坦曾说：“每个人都是天才，但如果你用爬树的能力来评判一条鱼，鱼一生都会相信自己很愚蠢。”即使是爱因斯坦，高中时都因为背科[1]不行而被退学，不能在德国考大学，结果只能跑到瑞士念一所“重视理解不重死背”的高中，最后世界才诞生了这位不世出的物理天才。

在我所任教的高中里，有一大半的学生因为“总分不高”，自信心低落，但我知道他们都是某几科的天才，所以他们指考[2]时大多能考到自己理想的校系。然而台湾目前高等教育的趋势是减少指考名额，最后废掉指考。

虽然“教育部”强调未来的“新型学测”会保留指考精神，但我们都知道现在前几志愿的学校仍采计“五科总分”，孩子们还是被制度绑架，没有脚的被迫爬树，没有鳍的被迫游泳，最后大家都痛苦地活着，缺乏自信与创造力，导致整

[1] 背科：注重背诵的学科。

[2] 指考：指定科目考试，是台湾高中生的第二次能力测验，每年七月举行，学生可以自行决定考哪些科目，然后依据考试分数去申请大学。

体国力下滑。

一个国家可能只需要十分之一的人是五科全能，其他的人好好学习及发挥自己的天分即可，我和女儿，甚至是爱因斯坦都属于后者。我们选择不和所有的人爬同一棵树，毅然跳进属于自己的河流后，开始用自己的鳍去界定世界的疆域。

但那滞留在树上的岁月，好苦。

在涵育百川的大地上，还有许多新生代搞不清楚自己肩上长出的是翅膀还是鳍，希望“被认为是万能”的学者和老师能知道，能帮助那些有强壮背鳍的“异类”，不要再逼他们去爬树，让他们勇敢游进自己的那条河吧！

我们选择不和所有的人爬同一棵树，毅然跳进属于自己的河流后，开始用自己的鳍去界定世界的疆域。

03 如何批判，怎么思考？

数据经过整理后变成信息，

信息经过思辨后才会变成知识，

但只有经过发表及批判后的知识才会有逻辑。

“你凭什么认为美国人是拯救世界的超人？”

“萨达姆·侯赛因从美、德、英、法等国获得制造大规模杀伤性武器的技术，还对库德族人发动化学武器攻击，一天内造成超过五千名库德族人死亡。你说我们能不对这个邪恶政权宣战吗？”

2010 年寒假，到美国得州参访姊妹校，一进入地理教室就看见全班同学轮流质询台上的学生，他手上拿着一幅自己的漫画作品，图中是穿着超人服装的美国士兵拥抱着哭泣的库德族小孩。

“大规模杀伤性武器？那是个笑话，2007 年，美国国防部向国会提交的报告，已经认定伊拉克拥有大规模杀伤性武器的消息是可疑的。”质询的同学手上也拿着自己的漫画，图中的美国前总统小布什被画成一个屠夫。

另一个画着小布什在偷石油的同学，也在老师的同意后发表意见:“布什在得州经营石油产业，还创立布什能源公司，他打这场战争只是为了保护自己与美国的石油利益。”

我坐在台下瞠目结舌，这哪里是地理课，简直是国际会议的交叉诘辩。下课后，我连忙请教地理老师 Kent，他是如何办到的。

“因为这周的课程上到中东，而美国在伊拉克已打了七年战争，所以我要求每位学生要画一幅漫画，表达他们对美国发动伊拉克战争的想法。”

“只画一幅漫画？不用背诵一堆地名、气候、物产之类的资料吗？”我想到以前学外国地理时，快被这些资料搞死了。

“不用，那些数据网络上都查得到，我的教学目标是希望学生能从时事理解这些国家。”

“但只画一幅漫画要如何理解中东这么多国家？”

“呵呵，其实画漫画才是学生最害怕的课程，因为他们必须搜集数据、阅读数据、形成洞见（insight），再以图画表达立场，整个过程必须花很多时间。”

“对啊，我想起一位台湾学生告诉我：接待她的 Buddy 这个周末没陪她出去玩，因为他从图书馆借了十几本书，说是为了画这堂课的漫画。”

“其实学生最害怕的是要为自己的画辩护（defense），我打的成绩与他们画得好不好无关，主要是看学生辩护的逻辑。

如果他没累积足够的知识量，一下子就会被同学问垮了，这比写考卷还可怕，因为根本不知道同学会问什么。”

“辩护的逻辑？”我对 Kent 谈到的逻辑很有兴趣。

“是的，数据（data）经过整理后变成信息（information），信息经过思辨后才会变成知识（knowledge），但只有经过发表及批判后的知识才会有逻辑。”

Kent 丢出一个个我无法在高中校园想象的名词，尤其是“批判”这个词，我感到太好奇了：“Kent，你是说批判性思考（critical thinking）吗？”

“没错，知识是拿来解析现世与预测未来的工具，所以一定要有批判性思考的能力。”

“但是训练同学针锋相对，互相批评后不会伤和气吗？”

“怎么会呢？而且批判性思考时，学生要批判的第一个人就是自己。”

“自己？”我被搞混了。

“当然，先要批判自己的论点是否扎实，然后才有资格批判别人。”

回台湾后，伊拉克战争终于停战了，但我大脑的战争到现在还未停止，现在还常面对着我的学生陷入思考，当背诵还是王道的今日，我们要如何先学会对自己批判，然后再思考世界问题？

我不知道，我还在批判自己，我还在思考……

当背诵还是王道的今日，我们要如何先学会对自己批判，然后再思考世界问题？我不知道，我还在批判自己，我还在思考……

04 请珍惜你的“怪”

要接近自己的梦想，

任何凡人都不能放弃自己的“怪”。

“来，这个女生臭，欠修理！”

坐在我隔壁的J被男生轮流拿着课本打头，她生气地瞪着他们，但小学生没有理性可言，“啪！啪！”又是两下。

“你很奇怪，为何不一起打？”好朋友把课本也塞进我手里。“啪！”我轻轻打了一下，J转过头来，两眼圆睁，那愤怒、哀怨的眼神，我一辈子忘不了。

二十年后，我在故乡小镇的街上遇见了J。她推着一辆婴儿车，妈妈和小孩都美。J的酒窝还在，但小时候没人注意到她的酒窝，大家只看到她的黑皮肤。她会被“标签化”是因为她的成绩永远是最后一名。

现在，J的皮肤比我白，跟街上亮晃晃的阳光一样光亮，但我不敢上前叙旧，因为我心中有个黑暗的角落，见不得光——我曾经也是动手的人之一。

不幸的是，后来我又允许心中出现另一处暗角。

高二时，“玩弄”L是全班大部分男生下课时共同的娱乐，读男校，全校一个女生都没有，所以女性化的L就成了“异类”。

那票男生的“娱乐仪式”经常这样进行——最矮、最黑的男生站在L身后，做出猥亵的动作，其他人围成一个圈，大声有节奏地呐喊，被吓得“花容失色”的L一直尖叫：“不要，你们不要！”但他愈抵抗，围绕的“野人”愈兴奋，愈不肯让围在中间的“猎物”逃离。我觉得怪怪的，但直到毕业前都没有伸出援手，一次，都没有。

毕业典礼后，我到班上拿自己的物品，路过的L突然叫住我：“我看到你在《中市青年》上发表的文章，写得很好，以后要继续写喔！”

“谢谢！谢谢！谢谢……”我不知说了几声谢谢，但我知道那时真正想说出口的是，“对不起！对不起！对不起那个时候没帮你。”

L走进六月的阳光里，从此我再也没有见过他，但他又成了我心中的一道坎——我明明感觉“奇怪”，明明感觉可以做点什么，但我没有，整整两年，我忽视、漠视一个心地那么温暖的人。

当Google问世时，我突然想到L，键入他的名字后，出现一位粗犷、留着络腮胡的执业律师，五官仍是他，照数据拨了电话过去。

“你好，我是L。”声音变得好浑厚。

“我是淇华，你的高中同学，记不记得你曾经鼓励我……”

“对不起，我不记得有这个人。”电话瞬时挂断。

我知道那是L，但他只想与那段不堪回首的日子告别，因为那太痛了。2014年，一部电影又让我感受到L的痛。

《模仿游戏》讲述英国数学家艾伦·图灵（Alan Mathison Turing）在二战中，帮助盟军破译纳粹密码的真实故事。他促成二次大战提早结束，超过一千四百万人因为他得以避开战火；但是“我本将心向明月，奈何明月照沟渠”，这世界回报图灵的竟是判他猥亵罪，罚他以化学阉割来代替入狱，只因他与众不同，是同性恋。曾经，同性恋是有罪的。

今天，在大部分国家，同性恋已不会被定罪，但这世上仍存在许多群众“默许”“认可”的规则，正处罚那些被认为与众不同的人。

例如就读大一的D，回校时的分享：“学长说我不喝酒就是怪、就是不合群，但我就是不喝，结果被警告无数次，还好有人帮忙勉强喝几口，应付了过去。但其他同学只有两个下场，一是喝到吐，二是被揍。上个月还有人喝到住院。”

他们是大学生，但已不加思辨就对成人世界的“拼酒文化”照单全收。

“合群”是多么熟悉的美德，是四育之一，却被我辈滥用去霸凌“奇怪”的少数。

霸凌是群众的盲目，是集体的失智，是连“王法”都可以踩在脚下的权威，就像在北部当警察的学生M，他是执法者，也被迫要在霸凌的世界中低头。

M到警局报到的第一个月，学长送给他一本存折。

“为什么是我的名字？为什么里面还有钱？”

“别问那么多，拿就对了，以后每个月都有。”

第二个月，M退回了存折，但也很快地被调到山里的分局。三年后，山里的M仍心存愤懑，但当他在电视上看到以前同僚因东窗事发，被集体收押时，他开始感谢自己的“怪”。

M那天回校，已是满脸风霜，看不出他三十岁不到。那个午后，他面对着熟悉的校园直抒胸臆：“这世界有许多奇奇怪怪的潜规则，叫学弟妹们要稍微想一下，如果觉得‘怪怪’的，千万不要照单全收。”

那日和M握手道别时，我们的手都握得很重，知道很多话只能握在手里，怕一旦张开手，随风四散的心事会逼我们“横眉冷对千夫指”。

这些年，当我看到霸凌的新闻时，就会想到J、想到L；在报上看到有大学生拼酒暴毙的事件时会想到D；而在电视上看到一批批正值壮年的公务人员被关进牢房时，不得不想到M。

三年前认识一位波士顿的中文老师，我对她名字中的“圣”字感到非常好奇。

“圣是聖的简体字。”

经她一解释，我突然有了奇怪的联想，那么“怪”，不就是一颗“圣心”吗？哇，好棒的解释。如果大家都珍惜“非我族类者”的一颗“圣心”，那么世界上就可以少掉许多因“怪”所苦的人。

当我从职场进入学校后，仍习惯用企业的眼光去看待教育的一切，于是“怪”就成为我身上的标签，“不合群”也成为许多同仁对我的看法，但感谢他们慢慢能包容我的“怪”，而我也坚持不放弃我的“怪”，甚至将对世界的“怪异”看法书写下来，成为第一本、第二本，甚至第三本书。

要接近自己的梦想，任何凡人都不能放弃自己的“怪”，如同发明世界第一部计算机的图灵说的话：“有时候，正是无人注目的凡人，立下无人想象的壮举。”

这个习惯对“怪”残忍的世界，已经牺牲了一个图灵、一个J、一个L和一个D。但今天起，我们不需要再玩霸凌的“模仿游戏”，我们可以学着“见怪不怪”，因为那奇特的言语或行为背后可能藏着一颗圣洁的心！

有时候，正是无人注目的凡人，立下无人想象的壮举。

05 老师，放手让我读吧！

阅读没有“量变”，
就不可能“质变”为理解力；
阅读没有形成习惯，
长大后就很难再亲近书本。

初二那年，寄宿国文老师家，晚上当我沉浸在《聊斋志异》时，老师抢过书，一个巴掌过来："不看教科书，看什么课外书？"我低着头，耳朵辣红、嗡嗡作响，直说："下次不敢了……"

但阅读成瘾后戒不掉，我一生受益于阅读，那是随时可汲取的养分。我有一个双胞胎哥哥，他亦常自诩是阅读的最大受益者。小学时，导师在教室后面摆上几百本中华儿童丛书，全班比赛阅读量，哥哥和我就这样养成阅读的习惯。哥哥高中联考[1]分数只考了我的一半，念最后一个专科志愿，但他进入职场后仍然手不释卷，靠阅读自学，成为四家公司的老板。他最常说："我不害怕雇用后段生[2]，因为我自己就是；但我害怕的是他们没养成终生阅读的习惯。"

学生韦仲是另一个受益于阅读的例子。现年三十岁的他，大学毕业后才决定从事餐饮业。在台湾当了两年学徒，他的师傅常说："学我做，别问那么多。"韦仲觉得需要突破，决定到澳洲闯一闯，刚到澳洲时，他的英文程度太烂，根本听

[1] 高中联考：在台湾指初中考高中的升学考试。
[2] 后段生：指成绩不好的学生。

不懂同事对话，于是从最低阶的打杂做起。外国同事动不动就骂他脏话，所以他一听到脏话就以为有人叫他，马上跑过去，久而久之，他的名字变成 Mr.Fuxk；熬了好久后，同事才称呼他 Yellow Monkey，还是活在屈辱中。

快要放弃时，一位名满悉尼的明星级主厨提醒他："去阅读吧，其实我能教你的，书本里都有。"韦仲听了进去，他开始以有限的薪资，大量购买烹饪原文书，发现许多台湾师傅的不传密技，其实都建立在基本的科学原理之上，而这些科学原理，书上都有。例如单纯的苦味不讨人喜欢，但当它与适当的甜味或酸味结合时，会产生分子的化学变化，形成绝佳滋味。还要注意苦味会随温度下降而上升，甜味却随温度下降而转弱。

韦仲了解食材在烹饪过程中的各种物理或化学变化后，不再只知其然而不知其所以然。他利用这些原则，一下班就在厨房实验各种食材的搭配，不到半年就成为受重用的二厨，悉尼报纸还特地报道他，说许多顾客每周光顾这家昂贵的餐厅，就是为了品尝他不断推陈出新的"创意甜点"。因为大量阅读，他的英文能力变好了，薪水连跳三倍，伦敦和墨尔本的餐厅开始挖他跳槽，连以前瞧不起他的同事都改叫他Mr.Everything（万事通）。

暑假与韦仲餐叙时，他不断强调："没有阅读就没有现在的我。老师一定要想办法培养学生终生阅读的习惯。"

但是，目前阻碍台湾人培养终生阅读的习惯的最大障碍，竟然就是学校本身。因为台湾的学校知道升学率是他们的续命仙丹，所以老师们不断地安排考试、赶课本进度。课本都读不完了，哪有时间读课外书？

然而，阅读没有"量变"，就不可能"质变"为理解力；阅读没有形成习惯，长大后就很难再亲近书本。其实台湾教育主管部门已废掉通行编本，会考与学测各科早就着重于不用死背的"阅读理解"。真的愿意以阅读当教学主轴的老师，反而更能帮助学生在联考时胜出，例如访英两周期间，和我同寝的彰化鹿鸣中学杨志朗老师。

杨志朗老师在教室后面堆满自己捐赠的课外书，要求学生每天至少读一个小时，回家后还要写阅读心得。他总是快速带过课本，几乎不排考试，把大部分时间花在询问学生的阅读理解，寒暑假就读经典小说，加强文言文，月考时也学会考，只考课外。结果他的班，有十六位同学考上第一志愿（前一届只有一位同学上彰化女中）。因为他推广阅读的教育理念，鹿鸣中学从十五班成长到今年的三十五班。

不久前接到以前老同事的电话："我今年带初一，全班三十个学生，十个是外配的孩子[1]，五个母亲来自对岸，学生乖但学业差，我不想排那么多考试打击他们，我想把重点放在阅读上。"

我回应她："学生能力国际评量计划（PISA）研究早就证明，松绑与重视阅读的芬兰学校可以教出最强的国民。台湾的学校教育已经松绑，但许多老师不敢自主，还要把自己和学生绑在同一条绳子上。"

"但我不敢这样做，我怕月考考不好，怕同科反对。"老同事仍有畏惧。

挂上电话后，我想起韦仲的在校成绩永远是全班倒数，但如果每个低成就的学生都像韦仲一样，养成终生阅读的习惯，台湾会不会有更多的 Mr.Everything？

---

[1] 外配的孩子：非婚生子女。

现在台湾还有许多学生像我当年一样，正挨着制度赏的耳光，真希望他们不再像我小时候，必须对国文老师懦弱地说："下次不敢了。"我们可以一起面对还死守老旧制度的老师，说："老师，放手让我读吧！"

06 飞出国就会讲外文了？

好的环境对语言的学习帮助真的很大，

但是否飞到国外，

外语一定会变好？

学生K从澳洲打工一年回来，兴高采烈地与我分享她做过的一堆工作，包括在农场剪葡萄、在汽车旅馆打扫房间、在餐厅洗碗、在工厂包装等，再拿赚到的钱在东澳玩一个月，最后带着台币五万元的存款飞回台湾。

“那你现在是又回到以前的贸易公司上班了吗？”

“唉，”K有点小感伤，“本来以为可以回原来的公司，但看到以前的同事已经升了官，就有点不想回去。我寄履历表到一些公司，但要我的薪水低，想去的没通知，再等等啰。”

“那这一年，值得吗？”我很好奇。

“应该……值得吧。我看到了新的世界，虽然吃了些苦，但交到了全世界的朋友，英文也更敢讲了。”

K讲得没错，境外旅行是精进外语的好机会。像我对自己的英语口语本来很没信心，直到三十六岁时才彻底改变。那年带团到温哥华，住在寄宿家庭，晚上和加拿大妈妈聊小孩、聊食物，第一周还会口吃，但后两周聊到东西方教育，每晚聊到欲罢不能，回国后发觉自己口语能力变好了，证明好的环境对语言的学习帮助真的很大。

但是否飞到国外，外语一定会变好？学生L给出的答案是否定的。

L本来以为到了美国，英文就可以讲得很好，结果发觉自己与房东只能作礼貌性的寒暄，只要房东讲多一点，他就会被单词卡住。L很后悔：“早知道在台湾就多背一点单词，到异乡再背，真的缓不济急。”

另外，亲戚Y到日本包了一年的饺子，本来想趁机练好日文，但因为在台湾底子没打好，只能被分配到后场，结果一年时间，虽然赚了些钱，但日文还是没进步多少。

L和Y的例子很容易理解，就像来台半年的外籍生，因为底子不够，没有几个能学好中文。其实若真的想学好外语，现在网络的资源就非常丰富，善加利用亦能有所成。

2013年，我曾带十个学生拜访波士顿，当地老师对一位团员的发音赞誉有加，并断言她一定是在美国长大，但她反而是全团唯一以前没出过国的，她单靠网络资源和自我要求，就用土法炼成好钢。

根据外事部门统计，台湾年轻人出去打工度假的人数，已由2004年到2007年之间的一万两千人，累计至2008年到2012年间的六万五千人，其中八成前往澳洲。度假打工已成为时尚，但若语言能力不佳，不仅所得成本效益低，而且风险也高。打工回来的学生和学弟妹分享时几乎都会提醒：没有语言能力的打工者，容易流向农场或成为黑工，也容易被当地中介欺骗，不仅薪资、安全没有保障，而且练习外语的机会也少。

所以当你在职场意兴阑珊，心中“流浪”的因子蠢蠢欲动时，不要只幻想“飞出去，就有答案了”，一定要先把基本外语能力练好，再递辞呈。有些事现在不做，一辈子都不会做，出国打工如此，学一种语言亦如此。

07 别接天上掉下来的礼物

硬要把喜欢动手做的孩子关在教室里钻研理论，
结果不仅造就许多不快乐的青年，
更让国家在面对全球化的竞争时进退失据，
因为技术面“有人无才”。

J 在我办公室前徘徊多日，终于走到我桌前问："老师，我们可以谈谈吗？"他说出所有不快乐——缺乏朋友、觉得自己离梦想愈来愈远、母亲一直念[1]他的成绩……

J 是第一届十二年多元入学[2]的"短暂胜利者"。在发榜那阵子，J 的父母很高兴自己的孩子上了一个"高填志愿"，感觉这是"天上掉下来的礼物"，但 J 真正的梦想是当厨师。开学后，J 的噩梦开始了，除了语文外，每一科都只考二十多分。

教高中二十多年后，我渐渐了解，属于学术课程的高中，在指考名额减少，多数大学校系以采计学测五考科总级分[3]的前提下，虽较适合 PR60 以上的学生就读，但 PR85 以下的学生还是会念得很吃力。

这次第二次免试入学的学生，许多在会考拿的是 3C 到 5C 的成绩，比对过去的 PR，约在 50 以下，却进入传统

[1] 念：台湾口语用词，一般指唠叨、责怪，含担忧之意。

[2] 十二年多元入学：台湾地区于 2011 年开始启动，2014 年正式推行"十二年基本教育"，将义务教育年限向上延伸到高中阶段教育，并在入学考试强调多元表现，包括体适能、干部任期、奖励记录及竞赛成绩等。

[3] 学测五考科总级分：在台湾学测即高考；五考科指五门考试科目，包含数学、语文、英语、自然和社会；总级分指五科加在一起的总分。

PR85以上的高中就读。这些学校老师的授课及评量仍维持过去的模式，结果跟不上的学生只能“拿香跟拜”，拜不到生命的元神。

自然教学法大师史蒂芬·克瑞生（Stephen Krashen），提出“i＋1”学习理论。i指的是学习者的认知程度，依照这程度加深，学习效果最好。教师授课前，会以全班平均的i为起点行为，但第一届十二年多元入学却搞得“i鸿遍野”。

大家都听过多元智慧，也了解有人擅长抽象思考，适合走学术路线；有人擅长动手操作，适合当技术大国的栋梁，也是社会上亟需的人才。但许多家长就是摆脱不了俗滥的迷思，总认为“孩子念高中比较光荣”，硬要把喜欢动手做的孩子关在教室里钻研理论，结果不仅造就许多不快乐的青年，更让国家在面对全球化的竞争时进退失据，因为技术面“有人无才”。

我女儿在初中基测时，落点在PR66，跟她分享我过去惨绿的高中生活后，我们一起选择了高职。结果女儿三年后因为技优（技艺技能优良），保送第一志愿，对的选择让她一直没失去笑容与自信。

许多家长不知，教育主管部门为了帮助多元入学不适应的同学，已要求各高中职及五专在寒暑假办理适性转学，只要学生向想去的学校提出申请，都可以让学习回到适性扬才的正轨。

许多人无法接受自己错误选择的事实，甚至会合理化这个选择，心理学上称这个现象为“认知失调”，但如果“失调”的是孩子的一生，家长要有勇气去调整。

许多家长在孩子进入“高填志愿”后，认为是接到了“天上掉下来的礼物”，但其实在孩子学术马步未扎稳前，建议不要接受这样的礼物，那有时会砸死人的！

08

请，烦请，烦请跨过世代的地雷

以前以为十年为一个世代[1]，

但发觉这世界变化快，

后来是三年一世代，

现在是一年一世代。

[1] 世代：同时期出生的一群个体称为一个世代。

“抱歉，你介绍的学生礼貌有问题，我不方便用。”老朋友L担任一家刊物的总编，婉拒了我介绍的学生。

连一位校刊社第一届的学生Y都传来讯息：“想请问老师，现在的学弟都是这样约访的吗？我看到他‘请于明天晚上回复’，先内伤一次，打开档案又内伤第二次，好难过。”

Y不过二十来岁，刚拍完一部拔河的纪录片，高二学弟想采访她，却让她觉得不受尊重。两人虽然都属年轻世代，但相差十岁，语言与价值已有落差，学弟刚刚误踩了埋在世代间的地雷。

以前以为十年为一个世代，但发觉这世界变化快，后来是三年一世代，现在是一年一世代，高中生会对初中生摇摇头说：“唉，这些小屁孩真幼稚。”初中生也会抱怨小学生吵死了。现龄八十九岁的伊丽莎白二世，还觉得六十六岁的查理王子不够成熟，无法担任一国之尊。

指导学生社团就是一个师生间互踩地雷的过程。校长曾把校刊样本放在我桌上，然后强忍心中的怒气说：“你看，上面的纸条写什么？”

“因时间很赶，请校长中午前览毕后交校刊社。”哇！

天哪，学生竟然对校长下命令。“校长，对不起，对不起！”身为指导老师，我有负不完的责任。

“唉，这么厚一本却要我一个早上看完，如果我早上有行程怎么办？教学生要学会多为别人想一想。”校长当过十二年教育局长，修养好，想到的还是教育。他知道更年轻的一代“无法多为别人想一想”，是世代间布满地雷的主因。

来年，相同的情况又发生了，这次是送印前要我半天看完，稍微浏览后，发觉这种水平真的不登大雅之堂。我把全体社员都叫过来，狠狠训了主编一顿：“整个进度晚了二十天，但明天就要送厂商了，稿子却版型不对、图档画素不足，若要改，来得及吗？你主编怎么当的？”

结果干部放弃毕业旅行，留在学校修稿，虽然迟交，但厂商硬是替我们赶在毕业典礼当天出刊，真是惊险。几年后，已经念大学的主编回到学校，找我话话家常，离开前，她欲言又止：“蔡 Sir，有句话我不知该不该讲？”

“你说，哪有什么不能讲的。”

“蔡 Sir，我知道你标准高，但可不可以不要在社员面前训斥干部，因为以后我们会很难带学弟妹，若可能，多为学生想一想，若你私下训干部，大家也都能听进去……”

听完主编的话，顿觉羞愧异常，但也感谢主编的直言，给了我一个自省的机会。

原来礼貌不仅是下对上的教养，也是上对下的修养。而我，快五十岁的人了，还需要学习。所以上周我打了个电话给L:“没把学生教好，我自己也有责任，而且我也不是一个有礼貌的人，你能告诉我，学生有哪些地方可以改进吗？”

“真的想听？”

“真的，我也想学。”

“好，”L在电话那头清清喉咙，“有五点，你慢慢听。第一，收到我的E-mail，竟然一周后才回复，我不要这种没效率的员工；第二，跟我讲话时，都用‘你’称呼我，听起来很刺耳，她应该用职称‘主编’称呼我才对；第三，她面试时没有微笑的习惯，这对面试官不礼貌；第四，她打电话给我时没先自我介绍，也没先问我方不方便讲话；第五，我还在考虑用不用她时，她竟然寄E-mail给我，要求我‘请三日内回复’，若她写‘若主编方便，烦请拨冗回复，不胜感激’，这样读起来是不是舒服多了？”

听完L噼里啪啦的抱怨，我倒抽一口凉气，因为学生说她对L一直很礼貌。或许“礼貌”两个字，各人有各人的解读，但五十岁的L以及二十几岁的Y，都认为不只是用“请”这个字就是礼貌，礼貌还包含更多的方面。那么，我们可能还必须再学习一次——请，烦请，烦请跨过世代的地雷，因为不小心踩中时，可能失去的不仅是一次采访机会，还可能是一个梦寐以求的工作。

不只是用“请”这个字就是礼貌，

礼貌还包含更多的方面。

请，烦请，烦请跨过世代的地雷。

09 灵感是弱者的借口

平常我们过得很无聊，

面目可憎，

而且几乎是很单纯的生活……

真正的创意来自生活，

你认真地生活，

然后创意就会一点一滴生出来。

“你寒假前提的散文写作计划，完成了没？”长假后，在图书馆遇见这一届最被看好的学生，赶快提问。

“老师，不好意思，没灵感耶，写不出来。”

“你寒假有看任何一本散文吗？”

“没有耶，因为寒假很忙。”

“忙到连一本书都没看？三十天的寒假耶。”我忍住怒气，说了一句她摸不着头绪的话，“灵感是弱者的借口。”

上课钟响了，学生离开后，我还在对自己生闷气，此时三月的春风从窗外探进头来笑我，突然想起二十五年前的三月，台北的三月。那是广告人的年终聚会，会场衣香鬓影，漂亮的人儿在香槟与笑语间穿梭，设计师阿美匆忙把我拉到一旁：“快看，右边那个穿灰色风衣的就是你的偶像，奥美广告的创意总监孙大伟。”我两眼发亮，望着孙大伟，还有身旁流动的时尚，立志要成为像他一样伟大的创意人，然后就可以每天过这种“曲水流觞、夜夜笙歌”的生活。

二十五年过去，孙大伟已离世四年余，而我也早已离开广告业，但这几年我疯狂地投入创作，蓦然了解，我过去完全误会了“创意”两个字。原来创意这棵树，不可能长在酒杯里，一定要深植在纪律的大山中才能活。如同孙大伟讲的："平常我们过得很无聊，面目可憎，而且几乎是很单纯的生活……真正的创意来自生活，你认真地生活，然后创意就会一点一滴生出来。"

我完全认同孙大伟的话，真的要认真生活，而且是超有"纪律"地生活。

五年前开始学写诗时，对身旁的诗人们崇拜不已，尤其是曾得过两大报[1]文学奖的神人级诗人Y，他仙气飘飘的意象不是"正常人"能想出来的，我除了佩服激赏外，只能在一旁自叹弗如："难怪大家都说新诗是文类中的贵族，我凡胎泥身，不像你们随时有灵感。新诗，我一辈子是学不会的。"

"灵感是弱者的借口，习惯好，灵感自己会来。"Y回了我一句外星人的话。

"开玩笑吧！灵感自己会来？"我当下只觉得他真有够臭屁[2]的。

"我们以前开始学诗，不仅研究前人的作品，还可以连

[1] 两大报：在台湾指《联合报》和《中国时报》。
[2] 臭屁：台湾口语用词，有自大、爱显摆、吹牛等意思。

续半年每天写十首诗，彼此交换研究。”Y勉励我，“如果你也曾经历过这些过程，养成了习惯，就会了解灵感是有心积累后的必然产物。”

之后Y会丢一些诗集给我看，顺便分享他刚写好的诗，听多了，发觉新诗有些共通的语法，例如虚实互换，把“我坐在我的椅子上”实的椅子变成“我坐在我的忧郁上”虚的情绪；或是名词的转品，把“芒草擦伤我的皮肤”变成“考卷擦伤我的青春”；也可以主语、宾语互调，把“我每晚都可以喝干这些酒”变成“这些酒每晚都可以喝干我”；又或是“反惯性法”,像“慢则快”“少则多”“穷得只剩下钱”“冰中取火，火中取冰”……这些对传统语法的破坏，都可以刺激人类的惰性大脑，产生诗意与美感。

我慢慢练习规律阅读，再把刚学会的技巧教给学生，积累多了，量变终于产生质变，一些概念慢慢内化，渐渐在自己原本荒烟蔓草的大脑里,踏出一条清晰的大路——一条“名为灵感的神经网络”。现在工作之余，我竟可以同时应付四个专栏及两本书的写作。我忍不住感谢Y：“原来我以前写的广告文案就是简单的新诗，原来这就是记者起新闻标题、网站操纵网络热点，以及所有政党吸引目光都需要的文字能力。我年轻时，两天写一句就可以在广告公司讨生活，现在一天写十句也没问题。唉，要是我早一点认识你，我早就在广告业发光发热了。”

其实我更期待能帮助学生，在职场暗黑的时代发光，但面对的是数不清的挫败。

就像上学期校刊美编S交来小学劳作水平、惨不忍睹的版型后，我问她：“要你暑假观摩好的刊物，你看过哪些？”

“没有。”真的一本都没有。

在台湾“文创”口号喊得震天价响的今日，愈来愈多学生喜欢投入“干净、感觉高人一等”的文创，但许多人和S一样，拒绝站在巨人的肩膀上学习，只喜欢“从零开始的原创”，结果台湾的文创大部分是路边摊型、轻薄短小、没产值的假文创。

作家乔纳森·列瑟（Jonathan Lethem）曾说：“原创的东西，十之八九是因为人们不知参考其原始来源。”得过诺贝尔文学奖的法国作家纪德（André Paul Guillaume Gide）也说过：“该说的话都已被说过，但是因为没人在听，所以还得全部再说一遍。”

我以前的广告公司老板不断告诫我：“设计进步的最快方式就是赶快去看全世界最好的设计。”因为每个设计都是实验失败几千次后得到的完美比例的作品，这些规范虽然造成限制，但也提供最大量的智慧，模仿它们可以快速内化它们的智慧，然后产生自己的新创造。

我是设计门外汉，但我知道只要先从模仿“最好的设计”开始，就可以很快走向“好的创造”。所以从创立校刊开始，我就挑几本自己喜欢的得奖版型模仿，很快地，校刊在三年得过两次金质奖。这就像日本服装设计师山本耀司所讲：“开始模仿自己喜欢的东西，先抄、抄、抄，到后来就会找到自己。”

四月在台北复兴高中演讲结束，两位老师好奇地提出问题：“从文创教学、新闻处理、图书馆业务、社会运动到国际教育，还有专栏书写，你哪里来的灵感？”我回答他们：“有纪律地认真生活，加上懂得从模仿中学习，生活就会回馈我用不完的灵感。”

这几年，我发现学生总是厌倦在“纪律与模仿”中蹲点，写诗的不读好诗；写小说的，人物可以不需要任何铺陈就拥有飞翔的能力。他们忘了奇幻文学的始祖托尔金（John Ronald Reuel Tolkien），曾经多么有纪律地在牛津大学用毕生精神编纂《中古英语词汇表》,然后用这个基底创造出精灵语。托尔金让北欧与英国神话中的人物说他的精灵语，最后完成在奇幻文学中永远不死的《魔戒》。

若我们只把《魔戒》衍生的电玩当成奇幻世界的全部，然后把这些电玩当成创作原型，而忽略托尔金用纪律去建构一个扎实的奇幻世界的事实，则我们的飞翔，只是永远在地面的滑行。

被认为创意无限的孙大伟在离世前，仍不断告诫我们："你不能为了创意而去创意。真正的高手必须在限制条件内去自由地飞翔，只有真正变成高手之后才有可能破格、改变，等你对游戏规则纯熟，就可以不按照规矩。对真正的高手而言，你给他浴缸，他就可以在里面跳水上芭蕾，'肉脚'[1]则一直想把浴缸打破。"

是的，我们都被局限在自己的浴缸里，我们也都被迫发

[1] 肉脚：闽南语，指能力不强之人、菜鸟等。

挥创意，在自己的浴缸里跳水上芭蕾，而创意需要的灵感不是为了避免限制去把浴缸打破，而是认真研究浴缸的大小、材质，然后依自己的体形，模仿世界上最适合学习的水上芭蕾高手，练习潜水、闭气、抬腿。终会有一天，音乐一起，你不需要灵感就可以跳出美丽的水上芭蕾。

对于那些不会跳、不敢跳、怕呛到，说需要灵感才跳得好的人，你可以笑他："灵感是弱者的借口。"

10 只能用土地来医

一个人十岁前居住的地方是他一生的原乡，
这辈子不管流浪到哪里都会想回去，
即使是在梦中。

“你的肺病现在没药医，唯一能救你的药，就是亲近土地。”赖和医师开了一剂药方给二十几岁咳血的杨逵。于是从首阳农场到东海花园，杨逵一生在自己的土地上耕种，偶尔用锄头，偶尔用一支笔，一生没离开过自己的土地。

以上是 2015 年 3 月“杨逵逝世三十周年纪念活动”时，杨逵二公子杨建的分享，他今年八十岁，与杨逵逝世那年同龄。

2014 年夏天，阅读作家石德华描写与杨逵生死情谊的文章，我大为感动，于是联络上了杨建老师，了解杨逵家族争取保留东海花园的努力，但十余年来，囿于僵化法令，潮打空城。居住台中市五十年，世纪级作家杨逵遗留给后世的生活空间，仍在市府大笔一画之下，成为荒烟蔓草的殡葬用地。

半年来，我带着学生开始做网页、拍影片、串连学校联署，甚至联络市府，看看能不能在“杨逵逝世三十周年”做点事。选举过后，协助我们拍片的路寒袖老师成了文化局长，加速办理杨逵的纪念活动，终于成真。

看着东海大学协助设立的“杨逵纪念花园”，还有活动会场上惠文、晓明两校同学主持与朗诵，然后我被安排在杨翠老师和音乐人陈明章旁种下玫瑰，感觉这半年的慌乱协调好像帮上了一点忙。此时，脖子虽然酸痛，但一颗心好满足，这种跟土地联结的感觉真好，望着手上的泥土，我突然想起得州的朋友C。

2011年我带学生到得州奥斯汀姊妹校参访，三周的行程，当地华侨C协助颇多。C和任职高科技领域的先生都来自台中，住家像一座小白宫，活脱是偶像剧的场景，但C每次见面都会问我：“台中套房贵不贵？”我当作是笑话，没认真回答，直到被问第三次，才知道C是认真的。

“一百来万就能买超过十坪[1]的中古套房，是你自己要住吗？”我很好奇。

“是啊，退休后想住。”

“什么，你不住美国的大房子，要回台湾住‘鸟仔间’？”

“可能半年住台湾，半年住美国吧。因为我快退休了，

[1] 坪：1坪为3.3057平方米。

美国到底是别人的土地，我想回到熟悉的地方。”

我终于懂了，一位作家朋友说：“一个人十岁前居住的地方是他一生的原乡，这辈子不管流浪到哪里都会想回去，即使是在梦中。”

那年过年时，参加几十个台侨合办的 potluck party[1]，开心吃着每一家带来的拿手菜，餐后大家谈论美国总统奥巴马正想推行的 Health Care（健保），才知道许多美国人因为缴不起高额的医疗保险，无法享受台湾人视为理所当然的医疗资源。C的朋友L那晚喝了许多酒，在离去前紧紧握住我的手，说：“老弟，我好羡慕你，下周就能回去了，虽然许多台湾人觉得台湾没什么，每天在网络上酸自己的家乡，但它却拥有比美国好的健保，还有和我一起长大的朋友……”没说完，L就哭了。

回台湾后，我常想起L、想起C，自觉过去不曾体会过的幸福，看到台湾的问题时不再选择抱怨、当酸民，我开始思考，再由思考变成书写，甚至将书写变成行动。就像 1927

[1] potluck party：百乐餐，美国常见的家庭或社区的聚餐会。主办者提供场地、主食和饮料，参与者自带一个菜或甜点。

年，杨逵放弃日本学业，返台用写作及行动来改变百废待举的故土，他知道唯一能救他的药就是亲近自己的土地。

我的能力和才气差杨逵太远了，但我很幸运，能踩在他曾经生活的土地上。此后经年，我还是会学习瘦瘦小小却拥有无限勇气的杨逵，少一点抱怨，多一点想法与做法，然后“好好学挖地，深深挖下去”，在自己的土地上继续耕种，偶尔在学校，偶尔也在一畦一畦的稿纸上。

从首阳农场到东海花园，

杨逵一生没离开过自己的土地。

11 悠悠的伏流

我们可以唱同样的歌，

怀抱一样的乡愁。

但我知道自己的土地还埋着一道历史的伏流，

那是痛觉的来处。

“如果秦始皇烧书都烧完，我不必读到三点半；如果周公真的忙着治天下，何必不断催我入梦乡……”台上新加坡浸濡参访团的高中生唱着俏皮的歌曲，可爱极了，我连忙询问身旁的带队老师。

“那是新谣，梁文福的《历史考试前夕》。”新加坡土生土长的L说。

“新谣？梁文福？”生平所未闻，连忙上网搜寻，才了解在20纪80年代，新加坡出现盛极一时的“新谣”（比台湾民歌晚了几年），是校园学子们创作和演唱的歌曲。

我想起1990年在台北写广告时，来自大马的设计师M画画时，常常哼着一首轻柔的歌：“写一首歌给你，歌声中轻轻地、轻轻地告诉你，一季节的美丽。”问他什么歌。“梁文福的《写一首歌给你》！”M当时没告诉我这是新谣，想不到二十多年后，我再次听到梁文福的歌。

“我生在大马，却听台湾的流行歌长大，连新谣都受台湾民歌影响很深。”M说。

浸濡团另一位带队老师P说：“我小时候常听台湾的民歌，长大后就迷台湾的歌星。”原来P是东北人，三十几岁时带着四岁的女儿入籍新加坡，至今已十五年。P的女儿去年录取第一志愿新加坡国立大学与北京大学，却私下偷偷申请台大中文，录取后毅然选择台大。“我女儿来台湾一次后就爱上了，她太喜欢台湾的‘人味’了。”

P有感而发：“以前，我看到你们剑拔弩张的政论节目，会想：台湾怎么了？但现在知道那不是真实的台湾。”

“我也这么觉得。”雪岩在一旁搭腔，她是新加坡国立大学的大二生，我三个月前向AIESEC申请国际志工，结果媒介她来台。雪岩三年前读高中时，也曾随着浸濡团来台两周，此后她走遍世界十余国，却一直忘不了台湾的美食和最重要的——浓得化不开的人情味。

“这是我第四次来台湾了。”在中国大陆与新加坡生活超过五十年的P补充，“我香港的朋友最近也一样，每年总要来台湾一趟，她说台湾也是华人文化的原乡。”

“原乡？好熟悉又好陌生的名字。”

此时浸濡团同学的表演已到了尾声，他们唱起新加坡国庆节时一定要唱的歌*Home*：

This is home surely, as my senses tell me.

This is where I won't be alone, for this is where I know it's home…

我的眼眶湿湿的，连忙转过头去。我知道有一群人心中潜藏着共同的伏流，那是文化的原乡，所以我们可以唱同样的歌，怀抱一样的乡愁，但我知道自己的土地还埋着一道历史的伏流，那是痛觉的来处。一接近它就会涌出可以淹没一座岛的恩怨情仇，然后可爱的台湾人可以瞬间张牙舞爪，开始咒骂、自怜和孤单。

那是条悠悠的伏流，等待着汇流的那天，一起流向叫作家的所在，然后岛民可以像台上的孩子一样，大声唱着：

This is where I won't be alone, for this is where I know it's home…

PART
TWO

立命安身之品格

当个让人放心的人

01

过人得分的T型人才

若不想枯萎于人群之中，

就必须学习利用所有的杯子喝水。

大学指考曾以“以面包师傅吴宝春[1]为例，谈学习的宽度与深度”，当作作文题目。

抽象的“宽与深”难倒一群考生，一位曾拿到散文首奖的学生，竟也败倒在这篇作文上。大考中心以此命题，因为这个时代最需要的人才，就是能结合“知识宽度与深度”的T型人才。

“T型人才”字母“T”，代表知识结构的特点：“一”代表“知识的宽度”；“|”代表“技术、知识的深度”。宽与深的联结称为crossover（跨界、混搭），有这种联结能力的人才具有较多创意。而创意，就是“解决问题的能力”。

大家都知道宝春师傅的“技术深度”是他做面包的技术，那什么是宝春师傅的“知识宽度”呢？

几年前一次与宝春师傅深谈，才知道他虽然只有中学毕业，但因为长期自修英文、日文、艺术、管理学等，还曾多次到日本及欧洲进修，所以可以日后位处管理阶级。宝春师傅涉猎之宽，真令学习囿于一门者汗颜，他可以创业有成，

[1] 面包师傅吴宝春：台湾知名面包师，2010年参加在法国巴黎举行的首届世界杯面包大师赛获得欧式面包组世界冠军。

正因为他的学习如“泰山不让土壤故能成其大，河海不择细流故能就其深”，这样的努力让他成为这时代最需要的T型人才。

创立苹果计算机的乔布斯（Steve Jobs），是另一个T型人才。乔布斯大学休学后，靠回收可乐瓶填饱肚子，支持他活下去的是一门旁听的英文书法课程，他为这些字体的美深深着迷。十年后乔布斯设计了世界上第一台能印出漂亮字体的麦金塔计算机[1]，这字体的“美感宽度”，结合他坚持的“技术深度”，终于成就了今日的苹果霸业。

其实不仅技术产业需要T型人才，文创产业更需要这样的人才。例如《魔戒》作者托尔金本是牛津大学语言学教授，为了研究盎格鲁-撒克逊语，广泛接触英国的民间传说及北欧神话。他搜集了许多失传的前缀、字根，将之组合，创造许多新字，却苦于没人使用，因此创造了一个可以使用这些文字（精灵语）的世界，最后，结合了“语言学深度”与“神话宽度”的旷世巨著《魔戒》，诞生了。

[1] 麦金塔计算机：Macintosh，简称Mac，是苹果电脑其中一系列的个人电脑。

成立单人公司“雅言文化”的颜择雅，是台湾T型人才的代表。颜择雅小时候因为个性分明，常常被老师罚站，成绩单上的评语不是“品学兼优”，而是“自作主张”。她一开始从未被看好，但高二只身前往美国求学后，不再受限于台湾的课业，她开始流连在学校图书馆与书店，尽情啃食自己中意的书籍。

大学毕业后，颜择雅的“英美文学深度”与摸索习得的“出版宽度”，造就她对外文书籍鹰隼般的敏锐度。乍看是市场冷门的书籍，例如《正义：一场思辨之旅》《世界是平的》《教养大震撼》及《优秀是教出来的》等书，一经她的出版及营销后，动辄六十刷（99%的出版物仅一刷），成为书籍排行榜的常胜军。

我们可发现宝春师傅、乔布斯与颜择雅的共通处，在于“不囿于学校、以兴趣为底的终生学习”。然而，在时间排挤效应下，如何选择学习深度与宽度，孰先孰后？东西方不同，也教育出了不同思维的学生。

2003年，我曾参访加拿大卑诗省的中学，发觉他们一学期的生物课只研究奥斯汀的青蛙，从青蛙出发，了解这个城市的历史、地理与生态改变，属于“螺旋式”的深度体验学习，台湾则是强调“宽广”的记忆学习，以形成知识架构。

美加的课程规划希望能激发学生的兴趣，主动去涉猎相关知识，但缺点是多数学生缺乏对整体世界的基础了解，例如许多美国人搞不清楚 Thailand（泰国）与 Taiwan 的不同；而东方的学生虽然博学强记，却较缺乏思考与表达的训练。

2015 年 5 月到英国两所中学参访后，我惊觉英国教育当局发现宽度不足的西方教育无法帮助学生形成扎实的知识架构，因此整个国家学科考试渐渐转向学习亚洲的道路。台湾人也发现过度强调背诵，很难引发深度学习，因此教学渐渐往西方以前的道路靠拢。

因此我们可发现，不管东西方教育，都在往培养“T 型人才”联结性思考的教育方向修正，只是“先深后宽”或是“先宽后深”的顺序不同。

然而，生也有涯，知也无涯，除非养成终生学习的习惯，否则一般人很难在宽与深的学习上做有效转换。

美国教育改革专家兰德（George Land）和贾曼（Beth

Jarman）博士，曾对一千六百位儿童的“扩散性思考”[1]进行多年追踪研究，发现98%的孩童在3到5岁时，显示较高的天才及扩散思考力；但8到10岁，只剩32%；到了14到15岁，更骤降至10%；更令人惊讶的是，到了20岁，这种能力只剩下2%。

在台湾，从事青少年写作教育多年的好友李崇建也发觉：“台湾的高中生比初中生没创意，初中生又比小学生没创意。”这是人力弱化的警讯，所以台湾教育主管部门正显现极度的焦虑感。

“十二年基本教育”之所以箭在弦上不得不发，乃因台湾为政者知道，目前升学至上的填鸭式教育，把全体学生制化成了只为升学学习的机器，很难养成终生学习的习惯，也因此，降低了台湾的未来竞争力。

教育的改变已是必然，再度学习及寻求宽度的联结却是每个人不可抗拒的责任。未来的模范生不能只是单一专门的医生或电子新贵，他必须是另一个有跨界能力的乔布斯、宝

[1] 扩散性思考：意指模拟、联想原创能力。

春师傅或颜择雅，或是兼重“技术深度”与“知识广度”的工业 4.0 人才。

宽与深“跨界”的单字叫 crossover，在篮球的术语中，crossover 叫作“过人”。未来的球在我们手里，伟岸的防守者在前，怎么过他？如何上篮得分？就看年轻的你如何发挥了！

未来的球在我们手中，如何上篮得分，就看年轻的你如何发挥了！

02 做过什么，比懂什么还重要

我想知道的是“她解决过什么问题”，

这样才能了解她的积极度、抗压性、合作能力，

还有发展性等人格特质。

K是大学研究助理，有漂亮的学历，却和时下年轻人一样，高不成低不就，我觉得可惜，介绍她给需才孔急的老同学。老同学制造的医疗器材营销全世界，亟须懂研发的业务大将跑欧洲线。

“你叫她重写一份履历表好吗？”老同学不是很满意。

“她的履历有什么问题？”

“哎哟，里头只写她是台大硕士、德国博士候选人，发表过什么论文、参加过什么研究，但我想知道的是‘她解决过什么问题’，这样才能了解她的积极度、抗压性、合作能力，还有发展性等人格特质。”

每次和企业主朋友聊天，最常听到的声音是“缺人才，有好的人才介绍一下，薪水不是问题”。但和已进入职场的学生对话时，最常听到的抱怨却是“工作差，薪水低，老板没诚意”。好大的反差啊！为何劳资双方无法接轨在双赢的铁道上？

老同学的话，使我想起在师铎奖面试后，一位决审教授跟我说的话：“你刚刚一直说自己的学历是同科中最差的，但那不重要，你做过什么比你懂什么还重要！”

教授给我很大的激励，他的观点——“你做过什么，比你懂什么还重要”，也应该适用于今日的大学生，亲戚L就如此经营自己的大学生涯。

在社团不再流行的年代，L决定大二时担任系学会的副会长。“去遇到一些困难，承受一些委屈，最重要的是解决一些问题。”L如是期许自己。

大三升大四暑假，L上人力银行找暑期工读机会，结果他挑了一家马达传统产业，做两个月，没有薪水。“这是家台湾龙头企业，能不花钱进来学习已经超赞，没薪水真的没关系。”但因为L的工作态度良好，在生产线真的能帮上忙，离职前，领班替他写了签呈，结果破例发给他四万元工读金。

毕业后，L虽未能考进台清交成[1]等名校，但也从私立大学考上公立大学硕士班。趁这个空当，L一样透过人力银行找到高科技公司的工读机会。他觉得这次打工的最大收获是——认清电子产业不适合自己。

就读研究所时，L拼命参加研发计划，并靠过去的经历申请到大陆打工及发表论文的机会，他说：“大陆经验是现在

[1] 台清交成：指台湾大学、台湾“清华大学”、台湾交通大学、台湾成功大学。

许多企业选人的加分考虑，为什么不能在毕业前就得到这个资历呢？在大陆实习有许多挑战，但许多一起去的台湾学生都玩疯了，没像我一样，把握和干部一起动脑筋的机会，得到许多解决问题的宝贵经验。”

研究所毕业后，L用过去积累的经验，证明自己是企业主的最爱，超过两家上市公司愿意提供聘约，但L拒绝了薪水最优渥的公司，选择了南部一家制造机器人的明日之星，他说：“这里挑战大，要解决的问题多，所得到的学习也相对较多，我想成为台湾进入工业4.0的先锋。”

在能力比学历更重要的时代，企业界非常害怕雇用没有社团经验的学生；国外许多研究所也表明不收没有工作经验的研究生。L用自己的大学经验告诉我们，考到私校不见得是世界末日，高学历也未必等同于高失业率。若大学生能有计划地利用时间，提早“做中学”，和老鸟一起解决问题，最后受邀进入鹰群的机会一定大增。

在习飞的日子里，不要只用眼睛观测世界，别忘了要偶尔离开枝头，改用你的双翅丈量天空。你会了解，只有真正撞过乱流的鹰隼，才能抓住上升的气流，不管飞到哪里，都能扶摇而上！

03 你会聊天吗？

现在的年轻世代习惯使用3C产品沟通，
失去许多人际互动的练习机会，
等到联考甄试或工作面试时，
才发觉自在自信地聊天是那么难。

得知一位念私立大学的台南亲戚被二十多家企业录用，其中包含台积电和中船等知名上市公司。他给我的答案相当出人意表：“应该是因为我很会‘聊天’吧！从小我就有和父亲聊天的习惯，而且在学校也不畏惧与师长互动，所以面对与父执辈年龄相仿的面试官时，我感觉很自在，表现当然比别人好一点。”

有一位面试官在面试完毕后，不可思议地对他说：“奇怪，不是我在面试你吗？为什么最后我讲的比你还多？”他说出他的心得：“真正会聊天的人是‘擅长倾听的人’，我不用讲太多，只要让人感觉到我的兴趣与好奇，他们就会知无不言，言无不尽。其实长辈喜欢认真倾听后‘问对问题’的年轻人，因为那会表现出他‘思辨’与‘诚恳’的特质。”

一位现在是保险业超级业务员的学生，曾与我分享她类似的经验：“其实服务业卖的产品都大同小异，顾客最后会动心起念，有一大部分是因为产品背后的‘人’对了。”

“人对了？”我不是听得很懂。

“是的，顾客相信一个人后，才会相信他的话，以及他所介绍的产品。”女学生说出了让她在职场上攻无不克的诀窍，“拜访客户时，我会观察他桌上的相片或是其他线索，然后开始谈论他的家人，或是他喜爱的运动。当他连续三十分钟与我分享自己的乐事或心事后，就会把我当成‘自己人’，对于自己人哪有什么不能谈的？所以之后的成交是水到渠成。”

“其实，我能有今天小小的成就，还要谢谢老师您。老师记不记得以前在校刊社时，采访前都会先教我们一些SOP[1]？例如要坐在十五度角，眼睛要定在对方的人中上，这样受访者会感觉被关注，但不会有压力。最重要的是老师要我们做到‘真诚’两个字，要真诚地先针对受访者做功课，要真诚地倾听、发问、微笑、同情与赞许。老师说过，上至帝王卿相，下至贩夫走卒，都渴望有人了解与贴近。”

“哇，想不到你都还记得！”

“不仅记得，而且我还将老师当初送给我们的‘采访之道，唯诚不败’，修改成‘服务之道，唯诚不败’，成了我的座右铭。”

从学生身上听到“真诚倾听”这几个字时，觉得好感动，

[1] SOP：Standard Operating Procedure，即标准作业程序，将某一事件的标准操作步骤和要求以统一的格式描述出来，用来指导和规范日常的工作。

因为在这个各抒己见的“我”世代，每个人最关心的主题永远是“我”，愈来愈少人愿意“真诚倾听”他人的悲欢喜愁，何况是聆听不同世代的声音？

大约十年前，我开始习惯周六带母亲去爬山，途中，我们会不经意聊天。母亲会开始回忆小时候的事，那是六十多年前的台湾，我的眼神充满强烈的好奇，鼓励母亲愈讲愈多。渐渐的，我才明了，原来外祖父曾被日本人调到菲律宾当兵，被麦克阿瑟[1]的部队赶到丛林里躲起来；而祖父在“二二八事件”[2]时，被抓走三天，也受了刑；还有父亲当初是如何追到母亲的“秘辛”。那是最珍贵的台湾庶民史，也是我生命的来处。聆听母亲，不仅让我学到世代间的包容与善解，也滋养我最爱的写作能量。

台南亲戚那日和我餐叙后，不禁有感而发，说：“现在的年轻世代习惯使用3C产品沟通，失去许多人际互动的练习机会，等到联考甄试或工作面试时，才发觉自在自信地聊天

[1] 麦克阿瑟：美国著名军事家，美国最年轻的准将、西点军校最年轻的校长、最年轻的陆军参谋长，被称为美国战争史上的“奇才”。

[2] 二二八事件：又称二二八起义，发生于1947年2月28日，是台湾人民反专制、反独裁、争民主的群众运动。

是那么难。”

听完他的分享，我内心有些焦虑，因为许多学生没有跟父母聊天的习惯，跟我讲话也常因紧张而语无伦次。我真的要好好思考，不要跟学生一直在脸书上 Me 来 Me 去，有时间应该面对面聊一聊。

“聊天力”或许是学校课堂不教的软实力，却是未来职场上立足的竞争力啊！

每个人最关心的主题永远是“我”，

愈来愈少人愿意“真诚倾听”他人的悲欢喜愁。

04 谁是三物一体人？

如果世界可以因为我们更好一点，
不要在乎位置大小，
我们可以从动物戍守成矿物，
用一辈子守住一个城池。

在走廊巧遇忧心忡忡的公民老师，她知道我一向关心公共议题："蔡老师，又一个食安风暴来了，你觉得台湾人何时能拥有真正的食品安全环境？"我一时语塞，却给了自己都不相信的答案："可能需要许多愿意一辈子守护食安的公民。"

一辈子就专心守护一种价值！现在有这种傻子吗？我想起去年和一位公仆合作后，忍不住赞美她："好高兴我们市府拥有你这样勇于任事的公务员。"

"其实，我并不是真正的公务员，我只是一个'资深'雇员。真正通过考试，分发到我们单位的公务员，发觉工作太辛苦后，不出一二年，就会请调到较轻松的单位。"她脸上霎时一片落寞。

我懂她的不安，因为我任现职十二年，每次为相同的业务洽询主管机关时，常接触到不同的承办员，最常得到的回答是"我是借调来的，所以不熟"，或是"这是上一个承办员的业务，他没有交接给我，抱歉，我帮不上忙"。

一项业务从摸熟到可以传承、创新，少说三年。但如果一个公务部门的新血，贪图的只是稳定与轻松，而不愿意吃苦、蹲点，我们如何期待一个有效能的行政机构？

但我宁愿相信大部分公仆都坚守对的价值。一位友人妻被调升主管职，却主动请调回到第一线，做服务民众的杂事。她谦虚道:“我的能力不在管理，但每天看到民众被服务后的笑容，就觉得好快乐。”

她的行为与话语让我感同身受，这些年我拒绝一些工作异动的机会，虽然许多后起之秀不断高升，但我仍毫不动心起念，因为发觉在这小小的岗位上，自己可以服务的能量最大，也因此愈做愈快乐。

我想，或许如同李国修老师所言:“一个人一辈子做好一件事就够了。”那比升几次官还重要。

那日公民老师和我带同学到台中地检署，献上自制的感谢状,给负责起诉黑心油厂的检察官。同学在海报上写着“我们愿终生守护食安”“终结食安风暴，从我们做起”，他们豪气如汉士范滂，登车揽辔，慨然有澄清天下之志。

或许，当青春正盛时，我们是不断移徙猎场的“动物”，但在某个天地俱寂的当下，我们听见心谷跫音——这是天命所在，要定下来，所以我们变成了“植物”，根愈扎愈深，可以提供世界的荫凉处也愈来愈大；然后知道有一天终将停止光合作用，但我们不忧不惧，因为根基已化为坚实的“矿物”，不仅撑高自己的城，也让后世稳稳站在我们的肩膀上，看得更高也更远。

如果世界可以因为我们更好一点，不要在乎位置大小，我们可以从动物戍守成矿物，用一辈子守住一个城池，就像林怀民老师守一片云门、林杰梁医师守一座岛的食安、陈树菊阿嬷守一个菜摊的良心。

那位公民老师虽然一直考不上正职，代课二十余年，但她如盘石蹲踞，一辈子守护着身教以及课本字里行间的价值，她是动物，也是植物、矿物，是这世界最需要也最快乐的“三物一体人”。

05 可以放心的人

在高学历可能等于高失业率的今日，
不要忘了，
拥有让人放心的品德，
可能是“推自己往上流动”更有力的引擎。

“唉，我教不了他，你的学生……不能用。”

三年前介绍一位学生给补教界的老朋友当徒弟，近日巧遇，询问学生近况，想不到得到令人失望的回答。

“一开始教他要先搞熟字根，再把过去三十年的考题研究一遍，但半年过去，这些蹲马步的基本功没做好，还到处抱怨我不让他上台，想想算了，让他继续当流浪老师吧。”

这真是个令人扼腕的消息，因为这个学生自名校毕业，长相好，又说得一口流利英文，但毕业后做了银行、贸易、保险几个工作后，都无法得到理想的薪水，加上父亲生病，需财孔急，回校向我求助：“老师，有没有快一点赚到钱的方法？”

我想到自己未任公职前，在补教界的老同事M老师。M月入颇丰，每个人都羡慕他的高薪，但我知道他下过苦功，腹中有料。加上M即将“退出江湖”，很想把“毕生绝学”传给有心人，如果这个学生能当他的传人，应该可以稍解家中经济燃眉之急。

然而可惜的是，这个学生这一次又败在“不够虚心”的心态上。他的英文口语好，但到职场上，还需要其他技能，才能成为“有用”的人，但他总是无法学到该专业的精髓。

我从念大学开始打工，做了工人、贸易、广告、新闻、教学等十几种工作,为了生存,严重“跨界”,现在快五十岁了，最大的心得是“所有的专业，认真学，半年小成，三年大成”，但前提是“有效的学习”。这“有效的学习”看似简单，其实是造成“阶级复制”的最大关键。

在信息不对等的年代，谁能拥有更多信息，谁就能更快胜出。因此许多父母用一辈子摸熟一门专业后，用最短时间教会自己的孩子该专业的“核心知识”（或不传之秘），让孩子不必重复多数人漫长的“试误”过程。

例如一位念建筑系的学生，毕业作品是“北京老小区都更企划”，一问方知他的父亲已在大陆从事营建二十年，深知市场未来的需求。另一位大学念公共卫生的同学也在医师爸爸“熟门熟路”的安排下，在国外念完医学院，现在已是事业有成的医美医师。甚至一位工作是绑钢筋的亲戚，念兹在兹的也是如何让儿子成为工地的工头，他说：“我没有其他本事，但我可以让他快速站在这一行的高点上。”亲戚点出了“阶级复制”的核心。

我也利用“信息不对等”，希望女儿复制我的阶级。因为从事语言教育，我知道许多专家所谓的“小学再学外语”其实是自欺欺人，因为七岁时，人的口腔肌肉已严重固化，耳朵的灵敏度也降低许多，所以在女儿四岁时，就把她送到双语幼儿园,先把口语练好。上小学仍继续待在有ESL[1]美国小学课程的安亲班，学费竟比传统写测验卷的补习班还省。

上初中前，女儿的单词量已有高一的程度，但对台湾注重的文法及英文写作仍有高度恐惧。所以在女儿高中联考拿到PR60多后，我决定让她念高职，继续念“我能帮她”的应用英语科。她扎扎实实跟我学了两年的文法及写作，很幸运地参加“技优”比赛，之后保送第一志愿。

我女儿是“阶级复制”的幸运儿，但不见得每个家庭都能复制，因此大多数人必须依赖其他有心人传授阶级的专业，而这些“有心人”，只敢将他的专业授予“可以放心的人”。

多年前，我曾将自己的教学精华分享给同事K。K的外

[1] ESL : English as a second Language，以英语为第二语言，针对母语非英语的并把英语作为第二语言的语言学习者的专业英文课程，是外国学生申请美国大学所必修的一门语言课程。

貌好、口条佳，就是没时间做讲义，所以常常跟我要“研发成果”，没有心防的我，把资料全给了她。某一天我走进教室后，看到黑板上抄满我“研发”的口诀，很高兴K认同我的教学逻辑，此时我询问还留在教室里的学生：“刚刚上课的老师是K吧？”

“是啊，她超厉害，她说黑板上的东西都是她发明的。”

多年后，我已离开补教界，在学校重启我的教学生涯，一天接到K的来电：“你能教我怎么考上公立学校吗？你知道少子化后，补习班课少了，市区的课都排给那些大牌，我不想再搭很远的车去接很少钱的课。”

我对K的境遇感到可惜，询问以前的同仁，得到的答案是：“我不敢教她，我对她‘不放心’。”

什么是“可以放心的人”？我想了很久，直到看了统一企业创办人高清愿的传记，终于了解，高清愿正是“可以放心的人”。

高清愿父亲早逝，从小与母亲相依为命，“贫困”二字是他童年的最佳写照；所以他 13 岁就当童工，从月薪 15 元的草鞋店童工开始做起。16 岁时，他去吴修齐兄弟创办的布行当学徒，高清愿待吴修齐如师如父，吴修齐观察他多年后，知道他是位正人君子，所以在高清愿26岁时提拔他担任台南纺织第一任业务课长，最后将整个管理台南帮的大权交给高清愿这个“外人”。

高清愿常说：“用人之道，有德无才，其德可用；有才无德，其才无用。”所以他任人举才的第一个条件是拥有“让人放心的品德”。

1986年，高清愿在五位副总经理之中，擢升另一个“外人”林苍生为执行副总。1989年，把整个统一企业总经理的棒子交给他。记者问高清愿原因，他说：“把棒子交给林苍生，我很心安。”

台湾目前的资源集中在四年级与五年级[1]的手中，他们即将在十年内慢慢退下职场，每当与他们交谈时，他们除了对自己的“毕生绝学”感到骄傲外，“欲把金针度与人”，更是他们共同的焦虑，总想着：“要到哪里去找一个可以放心的人，把阶级的知识与资源传给他？”

[1] 四年级与五年级：台湾以民国纪年来称呼一代人的方式，民国40年—民国49年即公元1951年—1960年出生的人，被称为四年级，其他以此类推。

在过去，我们一直强调“教育是帮助阶级流动最大的利器”，但马克斯·韦伯知道教育披上考试制度的大衣后，“考试只不过是官僚的知识洗礼”。

大学多元入学被批评对弱势生不利，2015 年，低收入户学生报名人数比去年增加十八人，录取人数却比去年少十六人，挤进顶尖大学的比率更低。台大等十一所顶尖大学共录取七千五百人，经济弱势生仅一百三十六人，占 1.8%；台大录取一千四百八十六人，十一人是弱势生，仅 0.7%。

在教育愈来愈难帮助阶级流动的今日，世界充满了怀才不遇的张良，但别忘了，21 世纪的桥头也正站满了急觅良才的杞下老人，他们正在寻找那个“可以放心的人”，将手中的《太公兵法》交给他。所以，拥有让人放心的品德，可能是现世“推自己往上流动”最有力的引擎！

拥有让人放心的品德，

可能是“推自己往上流动”更有力的引擎。

06 尤里卡！谈浴缸与灵感

点子，

只是扛起责任后的附加礼物；

灵感，

只会漂浮在勇者的浴缸上。

“写得完的，你洗个澡就有灵感了。”

“你怎么知道我每次洗完澡就有灵感了？”

访英前，我和杨志朗老师在台中高铁站碰面，谈到出第三本书的稿约压力，惊讶于他竟然知道我每天洗完澡后，都有写不完的灵感跑出来，吹头发前，都先要拿张纸赶快记下来，以免灵感被吹风机吹掉。想不到志朗老师遇到解不开的难题时也和我一样，都在洗完澡后，灵台空明，创意无限。

两千多年前，在希腊西西里岛东南端的叙拉古城，也有一个洗澡时苦思如何解开金银皇冠谜题的人，结果洗澡水的浮力给了他灵感，他不禁高兴地从浴缸跳了出来，光着身体跑出去，边跑边喊：“尤里卡！尤里卡！”[1]他是阿基米德（Archimedes），一个永远在思考、永远勇敢面对难题的人，我曾以为我父亲也是另一个阿基米德，也以为给他一个支点，他真的可以撬起整个地球。

小时候觉得我父亲是神，他常叙述自己如何透过创意见到总裁，如何打败群雄拿到川崎机车中彰投[2]独家代理权。

[1] 尤里卡：希腊话，“发现了”的意思。

[2] 中彰投：指台湾台中、彰化、南投三个地区。

他说自己常睡到一半想到解决问题的办法，马上爬起来写下，怕隔天醒来就忘记。

我好喜欢父亲那时候“永远向前”的气势。可惜的是，35 岁后，他不怎么回家睡觉了，他仍然会说台北有贸易公司、屏东有工厂、彰化有摩托车代理，但他的心思开始放在享乐与摆阔，不会再睡到一半被一堆创意叫醒。而创意是解决问题的能力，一个不再面对问题的人，不可能再有创意了。

金山银山，如果放在有破洞的船上，有一天也会沉入大海。

父亲的船沉得很快，那年他才 44 岁，我 19 岁。到现在三十年过去了，父亲仍然瞧不起他的两个小儿子（包括我）；他最瞧不起的是老三，我的双胞胎哥哥，他得过癌症，高中联考分数只有我的一半，更比不上考上南一中的大哥和建中的二哥。

父亲开公司时，三哥只能当仓库管理员。三哥后来将身份证及印章借给父亲，公司的负责人成了三哥，父亲公司倒闭后，三哥成了负债一千多万的票据犯。

后来三哥自行创业，开始会睡到一半爬起来想事情，然后匆忙写下来。几年之后，他成为四家补习班的老板，一个月所得比其他兄弟加起来还多。

到现在的学校服务后，我也染上了一夜数起的“坏习惯”，遇到大挑战时，枕前一定要放着纸和笔，隔天醒来，纸上常常布满潦草的涂鸦，这些涂鸦后来成为学校的创意校训，成为校刊的专题，成为我的诗，成为我的书。有些同事称我点子王，有褒义亦有贬义，因为我的一点构想，可能增加他人额外的劳务。

当大部分人给我“无限创意、随时有灵感”的形象时，我知道，自己还是父亲瞧不起、自小成绩不好的幺儿，但我愿意用一次次夜起，记下我在世界曾经存在的证明。

其实，我讨厌被称为点子王，因为这称呼似乎是形容一个不动手的人，人们常忘记，所有点子都是潜意识对责任不离不弃后的结晶。不管“点子王”的称呼是不是调侃，我已经知道——点子，只是扛起责任后的附加礼物；而边跑边喊“尤里卡！”的灵感，只会漂浮在勇者的浴缸上。

07 五子棋的人生

从“被迫做”的事中，
找到“能够做”的事，
再从“能够做”的事中，
找到“梦想做”的事。

陈文茜在《太多幸福，或太少幸福》中，描述一位到日本学完厨艺的女生千子，在台北东区开了一家餐厅，每天工作十三个小时，但店租升到每月二十万，她被迫习惯那“坏掉的生活”。有一天她终于崩溃，找到陈文茜，尖叫地说:“我一直在等待天使，但我觉得所有的努力都被摧毁！”陈文茜在文末说:“这里太对不起年轻人……他们的青春不是拿来做梦的。”

陈文茜形容的是今日台北，一个吃掉年轻人梦想的怪兽。二十五年前，24 岁的我，在台北工作，月薪一万二，房租八千,一样迫于经济现实，逃离这只噬梦的猛兽。我毫不犹豫地丢掉了“开书店”“环游世界”“当作家”“拍电影”的梦想。24 岁时，我的梦想只有一个——活得下去。

“活下去”是梦想？真的,因为那时彰化老家被法院拍卖，向亲友借钱买回后，还欠一堆债。加上同命的双胞胎哥哥罹患癌症三期，正在做化疗，我每天睁开眼想到的是“老天什么时候也让我得癌症？”“如果得了，我能和哥哥一样勇敢照钴 60[1]吗？”“每天黏鞋子做代工的妈妈，吸了太多强力胶，身体会不会病变？”

离开繁华京洛，忍看梦醒事散。我的人生如果是一盘棋，那年已退无可退，只能防守，再也无法进攻了。

打开家乡的报纸，除了补习班英文辅导老师一职外，无一能胜任，但我讨厌英文，文法一窍不通，大四预官英文才考八分，证明不是烂假的，怎么办？为了活下去，只好逼自己从头学起。

重新学英文，是向现实低头吗？是的，但低头时，发现很多以前没看到的好风景。原来，英文的字根充满了原民的想象，例如与“流”相关的字，都取水声“ㄌ音”[2]，例如“流”“漏”“淋”；英文“flow(流)”“leak(漏)”“flood(洪水)”“flu(流行性感冒)”“fluid(流体)”“liquid(液体)”“fluent(流利的)”也是，太多了。结果编一本以联考题为例句的字根讲义，突然成为我 25 岁时的梦想；之后五年内，我竟然编了共两千

[1] 钴 60：化学符号 60Co，是金属元素钴的一个人造放射性同位素，可以用来治疗癌症。

[2] ㄌ音：汉语注音符号，1918 年北洋政府时发布，同汉语拼音“l”的发音。

多页的“字根前缀”“英文作文”“高中文法”“高中同义词词组”“高中同义词”“英语发音规则”“介系词大全”等讲义。

五年后从书堆里猛抬头才惊觉，原来有压力才有动力，动力会激发潜力，潜力再化为能力，等到有了新能力后，梦想也可以转弯。

编完这些书，它们都成为我大脑里的图像记忆，站在讲台时，不用看书就能写满一整个黑板。这个能力让我可以与兄弟一起还清家里的债务，还考进梦想的学校服务。我慢慢了解，回到英文这一步棋，本来是守势，但我在厌恶的领域中找到乐趣，并放大乐趣，如此一来，守势中亦有攻势。

我体会到人生像下一盘五子棋，现实是守，梦想是攻；如果每一步棋都能攻中带守，守中再带攻，那么，或许我可以在现实中慢慢追回当年放弃的梦。

在私校服务的第四年，我向训育组申请开立电影欣赏社，然后回到看电影、阅读电影书籍，以及讲影评的“电影梦”。

考进公立高中后，教务主任说：“你们是高中部第一届老师，随便你们玩。”我把这句话解读为“在现实工作之余，有什么梦想，就去做吧！”所以我创了校刊社，圆写作的梦；

然后因应学校需求，办理游学，圆了“环游全世界”的梦。

我就要50岁了，如果有人问我：“你的梦想实现了吗？”我想，我会这样回答：“图书馆圆了我‘开书店’的梦；因为指导五个社团，我同时实现了‘当作家’与‘拍电影’的梦。现在只要有机会，我仍然想在现实的守势中，偷渡一点梦想的攻势。”

在经济低迷的时代，许多人的梦想可能和24岁时的我，或像陈文茜文中的千子一样，只求活得下去。但与现实妥协并不可怕，可怕的是没找到“在现实中做梦”的逻辑。这个逻辑就是从“被迫做”的事中，找到“能够做”的事，再从“能够做”的事中，找到“梦想做”的事。

学生L学日本料理，自己开店，假日生意虽然不错，但因周一至周五来客不多，迫于现实只好关店，到台中市南屯区一家素食餐厅担任大厨，他“能够做”传统素食，但他用“梦想做”的日本怀石料理方式呈现，结果餐厅生意大好，不断加薪。L反守为攻，又走回梦想的路上。

这种有选择、有转折的“棋路”，就像前统一超商总经理徐重仁说的那样：“对的路，要后来才知道是对的。你唯一可以做的，就是在每一个人生的分叉点上，走稳你的路。”

世事如棋，与命运对弈偶尔会居于劣势，但在劣势中不能有攻无守，也不能重守轻攻。在棋盘直线与横线的交叉点，只要慎下每一子，我们不仅可以立于不败，坚持久了也可能遇到“双活三”或“双四”，然后一颗颗“现实”的棋子竟然五子连珠，串连成一条叫作“梦想”的璀璨大路。

08 用受众思考，成为世界的耳朵与眼睛

表达要把握 AIDA 理论，

指的是一开始要引起注意（attention），

然后要产生兴趣（interest），

接着是诱发往下看的欲望（desire），

最后是接受论点去行动（action）。

"你把前面的流水账都删了好吗？"

"不行啦，老师，每一个人都这样写，我怎么可以不一样？"

"就是每一个人都这样写，你才应该不一样。"看学生推甄的备审资料，前面六行全是父母职业、兄弟姊妹介绍、毕业中小学介绍等，我忍不住皱眉头。

"你有没有想过，当一个教授连看两百篇这种与申请科系不相关的流水账，他会不会很厌烦？"

"会吧，那我该怎么办？"

"用'受众思考'写作啊！"

"受众思考？谁是受众？"

"就是阅听者。例如看电影的叫观众、听演讲的叫听众、看书的叫读者、评参赛作品的叫评审、看 FB 的叫网军。"

"老师，你讲的太复杂了，我只不过写个备审数据，和其他受众的类型有什么相关？"

"都是表达，当然相关！所有表达都可以应用到 AIDA 理论。"

"AIDA 理论，和阿迪达斯有关系吗？"

“别说笑，AIDA 是四个单字的字头。attention 指的是一开始要引起注意，然后 interest 是产生兴趣，desire 是诱发往下看的欲望，action 是接受论点去行动。这是来自营销学的理论。”

“老师可以举个例子吗？”

“例如，金马奖与奥斯卡颁奖典礼，你喜欢看哪一个？”

“当然是奥斯卡，因为他们会用笑话开场，讲话有重点，不会讲太长，但金马奖的颁奖人常是自说自话，让观众无聊到眼前三条线。”

“笑话开场可引起‘注意’与‘兴趣’；讲重点，不讲太长，就是尊重观众的受众思考。”

“那备审数据要如何依照这个理论操作呢？”

“例如你要推甄[1]营销系，自传第一段只写‘我的梦想是营销台湾’，这样与其他流水账的开头产生差异化，就可以引起教授的‘注意’与‘兴趣’。然后你的社团参与、获奖记录、小论文写作、阅读计划、座右铭和生涯规划等，全

[1] 推甄：即推荐甄选。

部都围绕‘营销台湾’的主题，把其他不相关的杂质全部去除，这就是讲重点，就是尊重教授的‘受众思考’。当教授觉得‘受到尊重了’，当然较可能采取‘行动’，录取你。”

“好像有点道理，但 FB 写东西也叫创作吗？”

“当然也叫创作，而且是可以影响一个地区根本的创作。台湾人疯脸书比例为全球之冠，据脸书官方在 2013 年公布的台湾用户数据，每天至少一千万人上脸书。去年在中坜还有素人用脸书选上市议员，甚至蓝绿两党使用脸书宣传的创作能力，正是决定 2014 年县市长选举结果的重要因素之一。更扯的是，根据美国 2015 年 3 月的调查，有 75% 的老板在雇用员工之前，会参考应征者的脸书发文。”

“有这么厉害吗？”

“当然，以老师自己为例，从三年前在脸书发文时，就考虑在十倍数的年代，一定要在第一行就抓住读者的眼光，所以我使用以前写广告时的 AIDA 理论，第一句就引起 attetion，所以会用全文最有‘戏剧张力’的句子开头。例如我曾用‘认真，是认了才会成真’开头，写我女儿认识自己局限，而后美梦成真的故事，最后一万多人点赞，甚至吸引出版社帮我出了生命中的第一本书。

“而在《一个野百合父亲写给女儿的四十封信》中，我用西方论说文的评分理论开头——除了证明自己对之外，也要承认另一方也有对的部分。结果文章有超过十万个人点赞，有七家电视台报道，这也成了我第二本书的书名。”

“老师，这离联考有点远，作文课也好像不强调这些耶。”

“作文课的训练主要是为了帮助同学联考，但若能将这些能力转化成一生带着走的能力，那不是事半功倍吗？”

“嗯嗯……”同学脸上似乎还带着疑惑，他可能觉得我讲的东西离课堂的书本很遥远。其实，课堂是一时，职场是一世。工研院简报实验室创办人孙治华曾说：“任何人只要愿意用‘读者看得下去’的语言，连续在网络上分享自己的专业三个月，他不成功也很难。”

在许多学生抱怨世界不听他们的声音时，我好想告诉他们：“当我们使用‘受众思考’表达后，世界才会将他的耳朵与眼睛转向我们。然后，我们才有可能成为这个世界的耳朵与众生的眼睛。”

用“受众思考”表达后，世界才会将他的耳朵与眼睛转向我们。

09 练习成为一个会讲话的人

如果学了一辈子语文，

只能应付考试，

却缺乏一辈子需要的表达能力，

那我们的课程是否需要调整？

“跟你这个念文学的人讲话真的很辛苦，一直在铺陈，让人找不到重点。”初任教职时，常听到理科老师向我抱怨，当时我觉得他才奇怪。心想：“我是老师耶，怎么可能不会讲话？”

快40岁时当了主管，只觉得每次我讲完话，现场的气氛都不太好。有一天，同处室组长终于忍不住转达其他人的抱怨：“为什么每次和你们主任讲完话，都觉得被当笨蛋。”

“你怎么回答？”我有一点动气。

“我就回答，其实我们主任没有恶意，他只是比较不会讲话。”当时我完全无法接受别人说我不会讲话，后来终于发觉，我——真——的——不——会——讲——话！

那一年，我带学生到美国得州一所公立高中参访。一天下午，全校老师都在体育馆“摆摊”，连负责接待我们的中文老师都麻烦我们的学生举起海报，上面写着：“来修中文，六月参访台湾。”

这场景太令人震撼了，一问才知，这所高中有50%必修课，50%选修课，有些课若没学生选，老师会被解聘，难怪老师要“摆摊”。

我到处闲晃，逛到一门 communication（沟通）的摊位前，一位拉丁裔老师正为拿着文宣的“潜在客户”讲解：“很少人天生会沟通，我们都需要学习。”

我赶紧拿起一张文宣瞧瞧：第一堂“沟通从倾听开始”；第二堂“有尊重才有沟通”；第三堂“幽默是最好的沟通”；第四堂“重点要摆前面”……

我看完后，目瞪口呆，也以此检视自己的沟通习惯，蓦然觉醒。我习惯抢话，不认真倾听；我自以为是，不尊重异见；我不会用幽默来缓和僵局；我连聊天都在起承转合，忘了把主题句（重点）放前面。

我不禁赞美这位老师，但她却回答：“其实我的课很危险，因为全校与说话相关的课程与社团共有十四门，包含 presentation（简报）、debate（辩论）、leadership（领导）、marketing（营销）……”

哇！十四门课，好大的文化冲击。我想起一位在奥斯汀市府工作的台湾同乡，她这么解释自己无法升官的关键：“美国人会选 presentable 的人当主管，这个字是‘体面的’和‘会讲话’的意思，所以美国人从小学开始就要学生带自己家里的东西，到学校 Show and Tell（展示与说故事）来练习讲话。但我们台湾把表达能力的培养都丢给国文老师，国文老师再把表达能力都丢给纸笔作文。从小到大，真的没有人教我们讲话。你看台湾金马奖的颁奖人和奥斯卡颁奖人的口语，再看看台湾立法有关机构和西方国会的语言差异，就会了解有没有学讲话，真的差别很大。”

这些分享如醍醐灌顶，让我不禁反思，如果学了一辈子语文，只能应付考试，却缺乏一辈子需要的表达能力，那我们的课程是否需要调整？

美国得州的学生来台参访，他们告诉我，有两位老师因为选修课开不成被解聘，我当下真的吓呆了。现在教育主管部门计划在 2017 年全面推动高中选修课程，我不知道在少子化的双重压力下，台湾会不会有老师“摆摊”要学生选课的现象，但有一点我深信不疑——时代不一样了，要赶快学会“倾听”“尊重”与“幽默”。

真的，我要开始认真，认真学讲话了！

PART THREE 三

安度青春暗涌

你知道女同学在想什么吗?

01 同学，我们把妹去

真正能吸引对象的可能不是最炫酷的发型，
而是一个帮妈妈洗碗的动作，
或是扫地时间绝不偷懒的精神。

记得念高中时，一群荷尔蒙作怪的臭男生凑在一起，话题永远离不开女孩子，但书空咄咄，最后总以一句“好想把个妹[1]”收场。十七岁的寤寐思服，换来的总是求之不得，而女孩优哉游哉，像是飘在另外一个星球的生物。现在有了念大学的女儿，加上担任教职二十余年，女学生常会分享心事，才终于了解，大部分的男生都搞错重点了。

一位外貌与经济条件均佳的女学生，在经历过一段不堪的婚姻后，不禁叹道：“要是我早一点拥有择偶的智慧，我的人生就不会陷落在这一块。”

“如果再年轻一次，什么会是你选择对象的第一条件？”我很好奇。

已有一女、刚过而立之年的女学生很肯定地回答：“要有付出的习惯。前夫是我的同事，外貌不错，感觉是一个可托付终生的对象，没想到他是一个吝于付出的人。”

“但结婚前，男生常隐藏自己的缺点，如何判断他是不怕付出的人？”

[1] 把个妹：网络用语。指主动与女性搭讪，希图以此建立联系，进而使其成为自己的女友。

“老师，我发现可以从他与朋友的关系判断，一个自私的人不会有太多真心的朋友，婚后我才发觉前夫只有同事，没有莫逆知己。”

上周与太太拜访大姨时，都有女儿正值豆蔻年华的我们闲谈到“择婿”的条件，大姨提出一个很类似的标准：“看他与亲人的关系。一个被亲人娇生惯养的男生，日后与妻子的关系也不可能太好，因为妻子是新的亲人。人是一致性的，一个习惯被照顾的人不可能在结婚后就变得会照顾人。”

我想起自己家中四兄弟，三哥最勤劳也最会照顾人，虽然得过癌症，但回到职场后，仍能吸引到风姿绰约的三嫂。最后两人一同创业，现在事业有成。年轻时养成的好习惯，不仅影响日后的职场生涯，还可以滋养一生的情爱。

念大学的女儿现在交男朋友了，妻子问我为何一点都不担心，我笑答：“我‘调查’过的，那个男生从小就跟着父亲到工地打工，加上非常孝顺，有这样付出习惯的男生，我比较放心。”

当然，会让人生死相许的爱情是一生修不完的课题，女儿和我的学生们都还有遥迢长路要走，但为人师、为人父的我，总希望现在的男学生别重蹈自己毛躁彷徨的苦涩青春。原来生命是一条长江大河，能量积蓄够了，总会与另一条大河汇流，而那蓄积的能量可能不是最炫酷的发型，而是一个帮妈妈洗碗的动作，或是扫地时间愿意付出的精神。

追求淑女的男子们，下次扫地钟声响时，别瘫坐在座位上，赶快拿起你的扫具往指定的战区冲去；然后，会有采荇的女子在河之洲凝望，她们在等待一个不怕付出的你，岁岁左右流之，一生左右采之。

02 我们不是天使

一生中，

有时候是你造就了选择，

有时候是选择造就了你。

“你和他聊聊吧，他一直说自己是垃圾。”亲人的眼神绝望，希望我能帮得上忙，“他和同学去书局偷书，被抓到后送警局，从此失去信心。”

我走向男孩，坐下，鼓起勇气说出我的秘密：“我也是小偷。”

男孩抬起头来，一脸疑惑：“真的假的？”

“真的，而且一偷就是两年。”其实我早已忘了这段尘封的往事，今天能平静地说出来，自己都感到讶异。

“小一时，我看到大哥从妈妈的抽屉里拿了五元，看了一场电影，我也有样学样。但大哥可能只拿一两次，我却拿上瘾，而且愈拿愈多，最后都是两百、三百地拿。”

男孩眼睛睁得很大，露出清澈的眼神，他对于这位为人师表的亲人竟曾有如此不堪的过往，感到不可思议。他问：“最后怎么被抓到的？”

“是被家里的会计抓到的，他通知我母亲，然后在人来人往的会客室，我母亲不断地训斥我，告诉每个路过的人：‘他是小偷！’”

“好丢脸！”

“真的丢脸，我涨红脸，不断啜泣，只记得我的头摆得好低好低，我以为……”我突然有点激动，“我以为这一辈子，我的头再也抬不起来了。”

“你很自卑？”

我点点头，我知道“自卑”也是男孩目前的心态。

其实家人从此再也没有提起这件“见不得人的事”，但每隔一段时间，那张不敢抬头的脸还是会嗫嚅自语：“别忘了，你是小偷。”

不知是谁说的俚语：“细汉偷挽瓠，大汉偷牵牛。”我深信不疑，一直在等待自己灵魂的崩坏，而且相信有天我会偷牵一头大牛来昭告天下，这是一颗“坏种”无误。

大四那年，我知道自己学分补不完，确定延毕，一个人像游魂般走下山，踱到淡江戏院前，也不看上演什么戏，买了票就冲进去，只想把那颗“坏种”藏在黑暗中。

屏幕上，劳勃狄尼洛和西恩·潘两个傻蛋饰演不堪被狱警欺压的逃犯。他们为了不被抓到，逃入教堂，结果误打误撞穿上神父的服装。他们仍是一副痞子样，但被迫要以神父的身份做出指示时，身上善良的本质渐渐显露出来。劳勃狄尼洛在片中回答信徒："如果上帝让你觉得舒坦……就去相信他，那是你的事。"电影并没有告诉我上帝有多伟大，但它提醒我有个让内心更为"舒坦"的东西存在。

出了电影院，瞄一眼电影海报，才知道刚刚看的片子叫《我们不是天使》(*We're No Angels*)。"是啊，我不是天使！"我知道自己坏。

出社会后，为了还清老家债务和买房的贷款，在私校任教时，我不得不同时跑补习班兼职，同事看我行色匆匆会笑我："你那么缺钱吗？"我不好意思回答。我知道自己坏。

但有些声音慢慢在身旁出现，"谢谢你，你是改变我一生的老师""被老师教到好棒，觉得头上有光环"。头上有光环？不可能吧！我只是一个迟到早退、市侩贪财、在补习班卖艺的教书匠。我知道自己坏。

在太平任教时，"误会"我本质的教务主任，竟为眼前瞎忙的我所蒙蔽，一直称赞我："谢谢你主动扛起这么多责任，谢谢你一起把这所新学校办起来了！"我开始怀疑自己。

转到现在服务的学校后，我突然立志：以后做任何决定时，一定要做"让自己觉得舒坦"的决定。第一个决定就是

“上班不要再迟到了”，然后一天接着一天，我每个早上都在床上做抉择，直到八年后某一天，我进校门时看看手表，八点零三分，终于迟到了，我不禁微笑：“呵呵，我这个人还不赖，一坚持就是八年。”

然后，我当了主任，常常要上台对几千个人讲话，当下只觉得自己是个骗子，虽然嘴里讲的是规矩，心里却在 OS：“别被我骗了，我知道自己坏。”

后来在书上读到一种病，叫“假装症候群”，临床定义是：病人无法内化个人成就，总觉得自己是个虚张声势的骗子。我才发觉自己原来得了这种病。

这几年，我痊愈了。我知道因为“不断正确地选择”，自己已经变成一个完全不同的人，我开始相信自己的出发点是善良的，开始确定自己的言语是真诚的，甚至，知道自己并不坏。

四十年前那个偷钱的男孩已抬起头来向我道别了，但我知道另一个男孩心中的“偷书贼”还没离开。

男孩考上大学了，每次看到他，头仍低低的。“他还是自卑，还是不相信自己，还是常说自己烂。”亲人们谈起他时，仍是这样的感觉。

我知道那种沾黏不去的罪恶感，我知道要肯定自己有多么难，但我知道选择能带来改变。就像2014年的电影《如果我留下》（*If I Stay*）中的台词："一生中，有时候是你造就了选择，有时候是选择造就了你。"（Sometimes you make choices in life, sometimes the choices make you.）

是啊，是选择造就了现在的我，我仍记得"过去我曾做过坏选择"，但我想告诉即将成为大学生的男孩，只要未来做每一次选择时，我们都能做"让自己觉得舒坦"的善良选择，选择就会造就我们，让我们头上再长出光环。

男孩，光环会再长出来，即使我们不是天使。

03 贪玩是个好习惯

背着压力玩乐，
一生将是焦虑不断轮回；
若换个顺序，
先做再玩，
生命会轻如千里快哉风。

几年前，一位模联的女学生和我分享一个令她匪夷所思的人。她在 MSN 上遇到一位名校的代表，想要讨论结盟之事，结果得到回复："明天晚上 8 点 45 分到 9 点用 Skype[1]谈，但讨论时请先想好重点。"

模联见面时，她问他为何如此"异类"。

"第一，因为说话的速度是打字的五到十倍，打字聊事情实在是浪费生命。"男同学的第一点就令人震慑。"第二，一般学生开会根本不先设定议程与时间，最后变成闲聊。第三，开会如果超过 15 分钟，让我书读不完，就会影响打球玩乐的时间。"

已上政大的女同学回来找我时，再次提到那位男代表，她有感而发地说："他彻底改变了我对时间的概念，原来'贪玩'可以成为有效运用时间的动力。"

我完全认同女同学的话，因为"贪玩"是我现在最珍惜的习惯。我从小玩心重，暑假作业永远撑到最后一天写，高中要重考，大学还搞到延毕，如果以尼采的标准分类"用意

[1] Skype：网络电话，一种网络语音沟通软件。

志力分级人类”，我大概是烂到爆的那一级。幸好烂到一个极限，我开始觉得羞耻。大四时为了考预官，大年初二就向家人告别，背着一颗白菜、几个罐头，就一个人上山去了。

在山中第一天先写好进度表，语文、英文、思想，加上智力测验，每一科要念三遍，然后自己暗笑：“呵，又是一次大而无当的失败计划。”但第二天照表操课，墙壁上的进度一格一格被划掉后，慢慢有了自信，竟然下午 4 点多就念完一天的进度，然后拿着篮球冲到球场，斗牛到汗水淋漓后，迎着晚风，看落日将淡海染红，当下暗暗立誓：“想要无忧无虑地玩，以后一定不要闪避责任！”

一个月后，我如愿考上预官，受到激励，开始喜欢“先去挑战最难、最恐惧的事，再去享受人生悠闲的晚风”。其实，红尘一遭，人人任务在身，该担的责任，早担晚担都一样重，但背着压力玩乐，一生将是焦虑不断轮回；若换个顺序，先做再玩，生命会轻如千里快哉风。

现在我仍然贪玩，年度时间分配是先把十五次旅游空出来，然后排入陪伴家人健走、球叙、死党茶叙和周末电影。都在玩？没错，在人生无止尽的比赛（game）中，每一个人都应该是聪明的玩家（player），为了 play hard，我们一定要学会 work smart。

work hard 和 work smart 有什么不一样？前者是动手不动脑，没有方向地抱头猛冲，缺乏效率与方法；后者是工作前先评估时间的局限，然后逼自己用专注与创意把事情做完又做好。如果不是因为贪玩，我不可能学会专注、找到方法，让自己从指导一个社团，增加到五个。连负责的处室业务量都增加一组，现在还能加上专栏书写和演讲邀约。

教学二十多年，我常提醒学生一起 work smart，才能在一起 play hard。贪玩的个性只要用对方向，绝对是个好习惯，会让我们在工作时学会专注，在遇到困难时找到方法，最后在疲惫时找到力气。

一只不会玩乐的工蜂只是时间的奴隶；但能专注觅食，然后悠闲玩乐的狮子则是草原的王者，也会是时间的主宰！

04 不快乐的时候，做对的事

快乐是可以练习的，
我大脑的“快乐回路”好像是身上的肌肉，
训练后韧性变强。

“我不适合你。”

看到信末这一句话，我失神喃喃道：“喔，这就是失恋！”失恋该做什么？应该哭一场！所以我掉了几滴泪，可是，怎么愈哭心愈痛？因为那个眷村女孩的条件真的很好，我这一辈子大概再也碰不到这么好的女孩子了。

我去敲敲隔壁珊珊学姊的门，想请问她，女生到底在想什么？但学姊上课去了，我只能踱回房间，准备继续凭吊生命中的第一次失恋。但有东西挡我的路，捡起来想往墙壁捶，好好表现一下电影中男性失恋的壮烈感，但这东西沉甸甸的，原来是网球拍，砸墙壁应该也砸不烂，那就去打网球好了。

之后两个小时，淡江大学靠近大田寮的网球练习墙陪我认真对打，我拉拍挥拍、挥拍拉拍，眼中只有翠绿的slazenger（史莱辛格）网球。等到一身大汗淋漓，夕阳将我的影子拉到树梢时，才横拍赋归。

回程走宫灯大道，上坡时，宫灯正一盏盏亮起，背后太平洋的大风吹得我整颗心满满的，觉得流汗真好！年轻真好！但等等，我不是失恋吗？我不是该难过，或是颤巍巍立在惊声大楼楼顶上，望着楼下如蚁的人群，让一生在脑海中如画片快速转过吗？搞什么？自己都觉得有点爆笑。

隔天上学，瞥见教官和一群女同学围在松涛馆前的花圃边。“听说昨天有人跳楼”“好像是失恋”“有没有死啊”，身旁的同学你一言我一语，又提醒我刚失去F大系花级的女朋友。我是狗屎运才追到她，相貌平凡的自己，此后经年应是洛阳花季已过，终南残枝余生。那么，该继续难过，向世界宣示自己的不幸吗？

“钟声响了，教圣经的Gades教授会点名，快走！”同学在催促，我没太多时间考虑，当下决定今天要快乐。既然难过是一天，快乐也是一天，那今天就决定快乐吧！

那是21岁，二十八年前的往事了。我记得我的第一次失恋，还有那颗气血饱满、蹦跳两个小时、没有叫累的网球，那是悲欢交集、充满违和感的回忆。很佩服自己那时竟可以理性地面对悲怆，以现代语汇来说，那叫A Q（Adversity Quotient，逆境商数）很高，然而，我真的从那一天起就拥有极高的A Q吗？不是的，巨蟹座O型血，从小哭着长大的自己，仍是忧郁自怜得可以。

此后十几年，我仍习惯遇到一点不顺就到处找人倒垃圾，一再重复并夸大自己的不幸，搞得垃圾处处，臭气熏天，最糟的是抱怨完也不会变得比较快乐。其实，我非常讨厌那样的自己，很想挥别这种猥琐的人生！就像S那样决然向过去告别！

S有过动症，记忆和理解都很慢，从小容易分心又口吃，成绩常常吊车尾。小学老师曾买了全班人数的饮料，全班发完后，剩下S没领到，老师问："这杯是谁的，快来前面领。"于是S走到老师前面。

老师问他："你觉得班长棒不棒？"

"很棒！"S回答。

"那我们需不需要给班长鼓励？"

S点点头，然后老师将最后一杯饮料给了已有一杯的班长。S的手空空的，但心中的恨却满满的。当这样的剧目不断上演后，心被千刀万剐后的S，只想做傻事——自杀或把老师给杀了。

S告诉我往事时，眼神仍充满了当年的悲苦，但此时他手中握着一本书。

"那你现在还想回去砍老师吗？"长相俊秀的S，却让我想到台北捷运上挥刀的郑捷。

“不了，” S 摇摇头，“欺负我的人，目的就是要我不快乐，如果我变坏，以后只会变得不快乐，那他们就得逞了，所以我不要联合他们一起欺负自己。”

“哇！你讲得好有哲理喔！”

“老师，这是我最近读到的一句话，送给你。” S 慢慢写下，“不快乐的时候，做对的事。”

“到图书馆读书，是我最快乐的事，所以只要心情不好，就来这里，一打开书或杂志，不用一分钟就忘了刚刚在烦恼什么。”难怪每天都能在图书馆遇到 S 。去年 S 以特殊生身份考上了台大，跌破所有人眼镜，因为他的学测成绩赢过班上一半同学，但以前月考时，他一直是班上倒数三名。

“月考是短期冲刺，却要考一堆知识，我读书慢，不可能念完。” S 如是解释，“但是面对大范围、重观念的学测考试时，因为我有广泛阅读课外书的习惯，很容易找到观念的联结，答对率就高了很多。”陪 S 面对记者采访时，我突然想到他的阅读，就像是我 21 岁时的网球挥拍，都是我们不快乐的时候所选择做的“对的事”。

那天我提醒自己要像S，学着在日后不快乐的时候，马上选择做“对的事”。我知道“负面思考”和“抱怨”是过去错的选择，那就开始选择“正面思考”和“不抱怨”吧！

人是习惯的动物，一开始仍会重回旧路，在负面情绪袭来的当下，我一样会想咒天骂地，但这种“地狱时间”愈来愈短。我大脑的“快乐回路”好像是身上的肌肉，训练后韧性变强，就像那年的slazenger网球，遇到重击时不碎裂泄气，而是反弹跃起。

真的，快乐是可以练习的，练久了就会发现，再不快乐，像两百磅的沙包，说放下就放下了；而再小的不愉快，只要放不下，就像是手中的六百毫升塑料瓶，拿一天，手一定残废。

面对生命的无常，我知道有生之年不可能躲掉“不快乐”的突袭，但我现在唯一能做的是继续锻炼快乐的肌肉，等待面对生命的猝然一击时，我的快乐肌肉可以拉我起来，然后拍拍我身上的灰尘，对我说：“今天，你还是可以决定快乐！”

05

青春要与世界击掌

台湾似乎正擅离这个世界，

因为台湾的媒体一直耽溺于挖岛屿的肚脐眼，

假装地球另一端的兴衰哀荣与我们无关。

波士顿的雪夜，接待我的 Eric 带着 Stan 进来。

“Stan 是我从小一起长大的玩伴，现在是新墨西哥的教授。”Eric 兴奋地介绍。Stan 脱下大衣，拿出一盒日本麻糬给大家吃：“我太太在加州超市买的。”

我看着包装上的中文字，觉得“诡异”，连忙查看包装说明，上面写着“台湾制造”，我忍不住哈哈大笑，想不到在异乡会吃到故乡熟悉的食物。聊完麻糬，我想到 Stan 是墨裔，所以向他询问一个人，那是 2012 年底，因为反毒惨遭毒枭绑架虐杀身亡的墨西哥提魁奇奥市前市长戈罗斯蒂埃塔（Maria Santos Gorrostieta）。

“提魁奇奥市？那就在我的故乡隔壁。”Stan 第一次从我口中得知这则新闻，又知道我请学生以“戈罗斯蒂埃塔”为题写诗得奖后，激动地给我男人式的拥抱：“我很感动，在遥远的台湾有人关心我的故乡，还有人写诗吊念这位女英雄。”

那个晚上，我们像是认识多年的好友，深谈至凌晨 4 点，我们忘了语言、忘了族裔，从墨西哥与美国签署北美自由贸易协议，谈到全球化的利弊，再从马尔克斯（Gabriel Garcia Marquez）的《百年孤独》聊到南美洲难以根绝的毒品与革命。

每次带团出去，我最怀念的就是这种充满吉光片羽、天马行空式的对话，因为不仅可以增进自己荒废的英语会话能力，还可以长知识，最重要的是可以交到许多异域友人，像是我忘不了的另一位加拿大友人 Teresa。

记得 2001 年第一次带学生去温哥华，有天下午行程很简单，大约 2：30 参观完五十层楼高的观景塔后，大家就解散回到各自的寄宿家庭，女导游 Teresa 问我要不要喝杯咖啡再走，我欣然允诺。在咖啡厅里，我看到桌上报纸的斗大标题："卡普里亚蒂（Jennifer Capriati）夺得澳网冠军"。我忍不住惊呼，和 Teresa 分享卡普里亚蒂的故事。

卡普里亚蒂 14 岁时便成为四大满贯赛中年纪最小的种子球员，从此，她被称为网球界的"天才少女"，未满 16 岁便夺下澳网单打金牌。但随后她染上毒瘾，又在商场偷窃被抓，1994 年因吸食大麻而遭禁赛。想不到七年后，她靠坚持不懈的努力，重归荣耀，拿下生涯第一座大满贯单打冠军。这故事太热血了，听着听着，Teresa 突然泪流满面，原来她读大学的女儿正身陷毒瘾，无法自拔。

那个午后，我和 Teresa 喝的咖啡，掺着她生命中浓得化不开的苦味，但卡普里亚蒂的故事却似窗外的冬阳，烘得心里暖暖的。我们谈了许多东西方教育的概念，聊到星星一颗颗从海平面升起。我必须赶搭最后一艘船回到北温，Teresa才意犹未尽地道别，离去前，她说了一句影响我很深的话："Vincent,you are different. You know the world."（你不同，你懂这个世界。）

Teresa给了我很大鼓励，也埋下了我日后创立新闻社，并和Michael Le Houllier共同创办"模拟联合国会议"的引子。其实世界离台湾并不远，大家利益休戚相关，不同的族裔却有类似的人性，一旦谈到共同关心的话题，灵魂马上可以接上线，分享美丽与哀愁。但台湾似乎正擅离这个世界，因为台湾的媒体一直耽溺于挖岛屿的肚脐眼，假装地球另一端的兴衰哀荣与我们无关。

"那些年，我们台视在华盛顿、纽约、旧金山和世界各大城市，都有特派记者。"带新闻社学生参访台视中部新闻中心时，特派员叶淑芬有"白首宫女话当年"的无尽感慨，"那时我们可以针对每一则国际新闻，发出台湾的观点，但现在台湾有全世界最多的新闻台，质量却江河日下，一切是商业考虑，驻外记者太贵，一个个撤了；路透社和合众国际社的新闻太贵，也不买了。反正国际新闻收视率也不高，那就报道岛内最热门的新闻，但可怜的是下一代，他们习惯坐井观天的台湾后，日后要如何与这个世界对话？”

我多希望台湾学生不仅拥有小确幸[1]，也能拥有敢与五大洲对话的大视野，然后全世界的人们会走到他们跟前，很肯定地对他们说：“You are different. You know the world!”

［1］小确幸：意为微小而确实的幸福。

希望今天的你们不仅拥有小确幸，也能拥有敢与五大洲对话的大视野。

06 银牙男与乱牙女

感觉到自己的卑下、不如人，

是所有人类的正常状态，

也是人类向上的原动力。

“你怎么看得上我？”

“我才要问你，你是怎么看上我的？”

这是结婚二十多年来，我和妻之间没有间断过的对话，很好笑却也很真实，因为我还无法“习惯”一件事，那就是每天醒来发现身旁一袭长发，发丝下有调匀的呼吸起伏，总觉得很不真实。当下寻思，劣质如我怎有此荣幸，邀请到另一女子参与我的生命。待几缕朝晖掀开我的眼，才了解这不是虚拟世界，然后感恩地对自己说：“对噢，我真是狗屎运，竟然走入一个最真的梦。”

小学时贪玩把门牙撞断，家人带我去装了义齿，银的，在阳光下会 bling bling 的那种，从此我不敢咧嘴大声笑，加上皮肤黑，天生咬合不正（戽斗），个子又矮小，让我带着浓浓的自卑感进入青春期。

高中和大学时看着身旁男同学，因为帅气英挺、幽默风趣或是舞艺超群，一个个进入死会[1]状态，形单影只的我，只能陪着心中的那个银牙男自怨自艾。大二时，终于谈了生

[1] 死会：台湾口语用词，指有固定男女朋友或已经订婚、结婚。

命中的第一次恋爱，但一句“我们不适合”就让花季结束，使我更自卑了。

出社会后，友人一句话：“帮你介绍女朋友，23岁，没交过男朋友。”我遂遇见了现在的妻子。其实从初见、交往到结婚，我都有当“骗子”的感觉，因为高挑清丽的妻子是学生时代众男子追求的对象，怎么会选择相貌平平、家无恒产的我？“我一定是个骗子！”我如是说服自己。

结婚多年后，我一直好奇一件事，妻子为何照相时总不愿露出笑容。“因为我有一口杂乱的黄板牙！”她终于说出心中的秘密。

“你牙齿哪有乱？你的虎牙超可爱的好不好！”我哈哈大笑。

“我的牙齿好黄，好丑！”

“牙齿黄代表是真牙，哪里像我嘴里的一口假牙。”终于知道妻子心里长久的秘密，也明白她为何会买强力洁白牙膏。

我这些年来病痛不断，二十几岁才知道自己有“青蛙肢”（中臀肌纤维化挛缩症），三十几岁得了白内障，四十多岁两眼都换了人工水晶体，常和老婆开玩笑："你嫁给一个怪胎。"但妻子似乎毫不在意，我除了感激，还是感激，想想能做的，就是"成为一个更好的自己"。

一次从书架拿下大学时代买的《自卑与超越》，读到其中的句子："感觉到自己的卑下、不如人，是所有人类的正常状态，也是人类向上的原动力。"太有感觉了，连忙上网查询作者阿德勒（Alfred Adler）的生平，才知道他小时候得了软骨症，童年过得很不快乐，因此立志长大要成为一位医师。身体上的病弱是他最大的自卑感来源，却也是他日后成为一代心理学宗师的强大动力。原来自卑并无坏处，若能善加运用，那会变成优秀的基因。

好不容易走过漫长的青春寂寥，我很想告诉那些还徘徊在爱河两岸的自卑者，不要羡慕那些轻易过河的"人生胜利组"，认清自己的不足，每天不断训练肌力，总有一天能轻易游到对岸，与一生的伴侣共看日升月落。

或许，我也要感激妻子奇怪的自卑，让她一直不敢碰触人间情爱，最后让我等到了。（哈哈）

这几年爆得虚名，每当他人用太夸张的形容词加诸我身上时，那还住在心底的自卑总会跑出来警告我:“别太骄傲了，你只是一个充满缺点的银牙男，但还好，你还有机会，只要常提醒自己努力成为更好的人，老天就会应许你，遇到全世界最完美的乱牙女。”

提醒自己成为更加好的人，老天就会应许你，遇到全世界最完美的她。

07 永远伸出友谊的手

对友谊的渴望让我一次又一次把缩回去的手再伸出去，

然后苦涩青春走过，

知命之年将至，

朋友正扎扎实实撑起我生命最真实的重量……

学期最后一堂下课后，S追过来："老师，有一件事我一定要跟你讲。你这一年办理的'让世界走进校园'太棒了，一定要继续办下去。"

一次校长询问是否有引进外籍大学生进入校园的可能，一接洽竟然就办了起来。这年一共有二十个国家的外籍生，在午休时段与自由报名的学生互动。S虽已是高三生仍几乎场场参加，而且还和一位立陶宛的女外籍生在周末共同出游数次。

S喜欢交朋友，初二时帮我接待得州参访生；高一时参加模拟联合国，还与我一起参访波士顿姊妹校；高二时参加国际人权会议，甚至和人权大使国际名模 Melany Bennett 成为莫逆，两人一起泡汤，交换心事。

"你愿意向这个世界伸出友谊的手，这个特质好棒，你看，你现在交友满天下，生命好丰富。"

"老师，其实我有一阵子不再相信朋友。初二时，班上的同学看不惯我太活泼的个性，一起孤立我，我开始变得很沉默。" S的眼神出现些许落寞。

我完全理解S眼中的落寞，因为那太痛了。譬如有人放话堵你时，你气愤好友放学时没有与你走在一起；譬如你向死党透露对某个女孩的爱慕，一周后，死党邀这个女孩一起出游；譬如在成功岭，你为保护同袍，揭发他被班长霸凌一事，结果同袍怪你多管闲事；譬如你质问教授为何作业没批改，又上课迟到，被你提名当选的班代站起来，要教授别理会你的无理取闹；又譬如你和班花成为哥儿们，你最好的朋友为了追班花，到处说你的闲话，让你痛到整个学期过着离群索居的日子。

我经历这些痛，就像村上春树《没有色彩的多崎作和他的巡礼之年》一书的破题句："从大学二年级的七月，到第二年的一月，多崎作活着几乎只想到死。那可怕的孤独、那不能置信的背叛、那如影随形的自卑，都痛彻心扉，让我一度以为，我永远无法再相信朋友，那些伤口，也永远结不了疤。"

但庆幸的是，我的忘性比记性好，对友谊的渴望让我一次又一次把缩回去的手再伸出去，然后苦涩青春走过，知命之年将至，朋友正扎扎实实地撑起我生命最真实的重量：有两个超过二十年的球友，不分炎夏寒冬，每周要斗一次牛，相约要斗到不能动为止；有固定喝咖啡说心事的伙伴；有定期聚会“练疯话”的高中同学；有一周不见一面就会想念对方的博士诗人；还有可以叫姊姊的同事。每隔一阵子，我就会因为“幸福满溢”,很“娘炮”地对妻子吐露心中的感恩:“你老公是全世界最幸运的人，因为我拥有好多爱我的朋友。”

记得那日和诗人喝下午茶时，他戏谑道:“我告诉老婆，如果哪一天我出事了，你放心找蔡淇华就对了，他会处理好一切后事。”我当时觉得好笑又感动。一个以前只能在诗集里“膜拜”的神人级诗人,今日竟能成为日常对座的良师益友，这几年杯觥交错间的吉光片羽，竟一点一滴带我进入创作的世界，甚至改变了我的一生。他和我都经历过无数次友谊的背叛，但我们和年轻的S一样，永远相信友情，永远相信“朋友是送给自己最好的礼物”，也相信只要愿意做一个更好的人，远方必然会有另一个月亮，靠过来和你凑成一个最美的“朋”字。

PART
FOUR
四

推开社会现实之门

一颗松子的坚持

01 坚持下去，你做得到

“坚持下去，你做得到！”

学长的话还像那日的晨光，

在所有时间的缝隙亮晃晃地直射进来，

提醒我，

你青春的格子还没爬完。

“学弟，你有很大的进步空间。”帅学长还给我作文簿，欲言又止，“坚持下去，你做得到！”

三十三年过去了，我还能感觉到帅学长当年右手落在我肩膀上的重量。其实，我懂他没讲的，那就是：“你的程度真的差学长们很多，但你唯一能追上来的可能就是继续写下去。”

我听进帅学长的话，那一年写了三本作文簿，但我还是唯一文章上不了校刊的社员。反观同班同学 L，一进校刊社就像是救世主，连社团上课时，指导老师也只坐在他旁边，好像有诉不尽的期许。

我升上高二时退社，才想起入社一年竟没和指导老师讲过任何话。直到到台北领师铎奖，已挺立杏坛四十年的指导老师也是得奖人之一。她主动找我说了很多话，我很开心，却不敢说那时她身旁有光环，只有真正的才子能踏进光环里说上一句话，而这一句话，我竟等了三十二年。

是不甘愿，还是补偿心理？升上大学，我又加入校刊社，但历史重演。同侪的光芒熠熠，又吹熄我的信心小烛。大二时，自知鱼目不能混珠，我又退社了。

“坚持下去，你做得到！”这句话是安慰，还是鼓励？但帅学长的话还像那日的晨光，在所有时间的缝隙亮晃晃地直射进来，提醒我，你青春的格子还没爬完。

28岁，刚结婚一年，老婆问我：“这叠稿纸都黄了，还要吗？”

“留着吧，有空我想写。”然后十年过去了，稿纸愈来愈黄，寂寞的格子仍空着。但我在学校创了校刊社，当起指导老师。当我在教同学写稿子时，总自觉是个骗子。若学生知道他们的指导老师，以前是校刊社的失败者，他们会退社吗？

但总是要坚持，帅学长说的。

然后，一年、两年，校刊一编十余年；一篇、两篇，我开始写新闻稿。稍微有一点信心了，计算机与网络却像被推进城门的木马，一夕之间就接管了我的城。我的心事被迫要一指一指，笨拙地键入数字的世界，我起初十分不习惯，感觉文字瞬间失去了温度。那还要坚持吗？

后来马克·扎克伯格（Mark Elliot Zuckerberg）说网络是我们的脸，也是我们的书，Facebook突然成为世人读取文字的最大场域，我怯生生地把中年人的心事放上去，没有人会退我稿，而且只有人点赞，没人点“烂”（因为没这个选项），那我就再坚持一下吧。

两年前暑假，女儿考上大学那天，我47岁了。我把对女儿教育的实验，写了九百字，PO在脸书，不久一百、五百，点赞的人数超越我的朋友数；然后一千、五千，点赞的人不知从何而来。我心中狂喜，好像作文簿被贴在教室布告栏一样，此后一周的生活像坐云霄飞车一样，最后车子停在一万六千五百个赞的云端，此时有个声音穿过云层：“稿子整理一下，出书吧。”

那是第一本书，二刷、三刷、四刷……一切来得很不真实，我好像高中时突然进入老师的光环中一样，有点不知所措。但我知道人生就是这么一回事，云霄飞车总是要下来，但只要坚持下去，就有机会再坐一次。只是没想到，这个乐园里，还有更刺激的云霄飞车，应四家媒体邀请开了专栏，又有了第二本、第三本、第四本的出书计划。而且指导的校刊，三年内拿了两次全国第一。我又想起帅学长说的话：“总是要坚持。”

在脸书上看到帅学长的讯息，知道他通过党内初选，要参选民意代表。帅学长以清廉挂帅，大家都知道这是他胜算很大的一年。支持者纷纷在他的脸书留言，我也跑去凑热闹，在他的动态留言："学长，立法机构一直是台湾政治的乱源，坚持清廉者几希，但学长，我相信你，坚持下去，你做得到！就像三十多年前，你也如是期许我，让我们一起坚持下去吧！"

“坚持下去，你做得到！”

学长的话还像那日的晨光，

在所有时间的缝隙亮晃晃地直射进来，

提醒我，

你青春的格子还没爬完。

02 请诅咒你的退路

“不虞匮乏”不是生命初期的最佳状态，

反而处处匮乏的时候，

我们才会明白，

造物者将我们的眼睛放在前面，

原来就不是要我们一直往后找退路。

担任集团总裁的高中同学C，常和我聊起职场上的有趣见闻，前一阵子他谈到一位可堪造就的硕士生，在应征当日，他的父母亲也跟来了，父亲绕了工厂一圈后，发现员工忙碌异常，不禁抱怨："这家公司很操[1]哦。"母亲则是不断询问是否可以固定休周六、周日。

"结果在报到当日，硕士生就打电话来说身体不舒服，最后根本没来报到。唉，不能怪他，要怪就怪他的家庭提供他太舒服的退路。"C有感而发地说，"学历高的人一堆，但千军易得，一将难求。能打硬仗的强将，大部分背景像我们当年一样，是没有退路的人。"

C当年和另外两位同学合资创业，当公司遇到难关时，还有其他出路的两位同学先退股了，C生长在食指浩繁的大家庭里，不可能从家中取得任何奥援，只好忍痛向银行借钱，吃下股份，孤军奋战。他每天早上7:30到公司，和工程师把所有的机器都测试调整一遍后，才放心开工。公司获利后，总经理到外面开一家一模一样的公司，却因为达不到

[1] 很操：台湾口语用词，意为很辛苦、很操劳。

他的良率，也倒了。每次我赞美他的成就时，他总是谦虚道："我的头脑和能力没比他们强啦，我只是像阿信[1]一样，没有退路。"

我和C的头脑真的都不是一流的，因为高中时，我们的成绩都是班上的"啦啦队"，大考成绩反映实力——我们都考砸了。我考上私校，C则必须重考，但重考一年，还是上私校。

现在两个快50岁的中年人，见面时最常聊的，不是做出过什么丰功伟业，而是现实的大神要我们缴械时，我们如何死守城池，没被歼灭。我们得到的结论都是——我们认清自己没退路了。

19岁那年，如果我的老爸没宣告破产，我不会心甘情愿当冲床工人；24岁时，如果不是体认到一辈子买不起台北的房子，我不会回到中部重新学英文；33岁那年，如果不是飘进教室的浓烟已经占据了黑板，我不会冲出去搞一些奇奇怪怪的"运动"；44岁时，如果不是受不了学生怠惰扫地的劣习，

[1] 阿信：20世纪80年代，日本制作的电视剧，讲述一个女人为了生存挣扎、奋斗、创业的故事。"阿信"也成为风靡一时的女性创业者代名词。

我不会重新拿起停了二十年的笔。

如果今天我能做出一点儿事，都得感谢我当年自觉“没有退路了”。

然而在弹尽粮绝、天地不应的窘境时，我也曾自怨自艾，羡慕那些有“富爸爸”当靠山的同侪，直到我在曼谷的酒吧，遇到了来自瑞典的Moses，我才停止抱怨。

那晚被曼谷的友人拖去喝小酒：“这家店外国人多，你英文好，比较不怕。”酒过三巡后，金发蓝眼的Moses出现了，他指着桌上的泰国生虾：“Hi, guys, this tastes really good.”我们请他吃了虾，各自介绍了自己后，Moses突然提出借钱的要求。当下我了解到Moses像一般的欧美年轻人一样，到亚洲寻找“刺激”“异国情调”，甚至是“生命的意义”，但钱花光后又舍不得离开。

“我给你五百泰铢（约一百元人民币），但你必须告诉我你的故事。”

“Deal!”Moses接受了我的提议。

“我来自瑞典，一个福利很棒的国家，不用上班，政府每个月给的1.3万克朗（约一万元人民币）救济金就可以让我不愁吃穿，但我也被要求要去上大学，或学一项技能。”

“哇！好棒！”我和友人惊呼连连。

“也不用太羡慕我们，生活太安逸让许多人质疑，那上帝要我干什么？想不通，有人就自杀了。瑞典每年有两千多人自杀，是世界上自杀率最高的国家之一。”

花五百泰铢买 Moses 的故事，我觉得很划算，因为他让我思考，我心目中一直以为的“北欧天堂”可能不是真正的天堂，这世界上一定有比物质更重要的东西，但那是什么？

这些年我一直思考，为什么有些朋友占高位、领高薪，却每日愁眉度日，有些得了绝症、倒数生命的朋友，仍然是快乐的发光体？

一年圣诞节我收到 Moses 发来的 E-mail 后，似乎找到了答案。

Vincent：

收到我的信，你一定很意外，但因为今天是感恩的日子，我觉得应该要对你当年借我钱说声谢谢，所以我找出了你给我的名片，看到了你的E-mail address。

我现在在挪威工作，因为瑞典这几年失业率很高，我大学毕业也找不到工作，决定不再依赖救济金，到薪水高一点的挪威工作，其实说高也还好，因为这里物价水平高，扣掉房租和生活开销后，能存下来的钱实在不多。

但我活得比以前快乐多了，因为我现在花的每一分钱都是自己创造的，也交了一位挪威女朋友，因为她觉得我是一位务实的人(我以前好烂,哈！)，还是要说声谢谢你，我亚洲的朋友。

Moses

这位北欧的年轻人让我知道，原来“创造”比“拥有”更重要。拥有再多物质，如果没有创造，生命就失去了意义。

我看到台湾自杀率上升的新闻，上网也看看Moses的祖国、曾经自杀率也很高的瑞典，结果看到令人讶异的结果，台湾的自杀率竟然上升到世界第二十四名，而瑞典现在是四十四名。想不到经济被逼到绝路的瑞典人，竟然更能发现生命的意义。

反观台湾同胞正陷入疯狂的财富游戏中。问许多炒房的朋友："为什么需要买那么多房子？把房价炒高了，下一代不是更买不起房子吗？"

"就是因为下一代更买不起房子，所以我赶快先替他们买起来。"

友人的答案似乎有道理，但我想到前几年报上看到的一则新闻，一位在美国取得硕士学位的高才生，在犯下杀人案后，对记者的发言竟是："我恨我的父母亲，因为他们替我付了学费，连房子、车子都替我先准备好了，那我生命还有什么奋斗目标？"

原来"不虞匮乏"不是生命初期的最佳状态，反而处处匮乏的时候，我们才会明白，造物者将我们的眼睛放在前面，原来就不是要我们一直往后找退路，而是要我们被绝境逼出潜力后，正视前方，创造自己的出路。

那个圣诞夜，我回信给 Moses："我现在才想起，你的名字和《圣经》中带犹太人出埃及的先知摩西一样。或许你的父母早就预见，你日后会被生命逼到绝路，但凭着勇气往前走，连红海都会分开，替你开出一条路。所以从今天起，让我们对‘匮乏’心存感恩，然后别过头去，不再留恋那些啮蚀创造力的退路！”

03 到地狱救人去

卫生福利主管部门推估台湾有多达二十余万人用毒，
一个地区有超过一个百分点的人非法滥用药物，
其中又以年轻族群为最大宗，
我们怎能不心急！

“兄弟，我们到地狱救人去！”死党石头在狱中整整待了八年，出来后，他变了一个人。

“救谁？”

“救正被这个世界慢慢往地狱推的年轻人。”

我知道石头在讲什么了。他才出来两个月，我们几个高中死党就迫不及待聚了几次，聚会时，石头不断重复他在狱中的见闻：“四年前在监狱工厂，吸毒犯不到三分之一，但一年前已增加到二分之一强，现在台湾的监狱都被烟毒犯塞爆了，难道你不知道现在毒品渗透到校园有多严重吗？”

我知道，因为一位当“大哥”的亲人在过年时也跟我聊过毒品：“我答应你绝对不碰毒，但我底下的小弟和小姐很少不碰毒的。现在的兄弟和以前不一样了，有钱才是老大，而搞钱最快的方式就是卖毒品。要卖得多就得找下线，下线哪里找？当然是校园。兄弟会先吸收中学以上的学生，先让他们吸上瘾，等到零用钱不够买毒了，只好‘下海’卖毒给同学，很快一个学校就沦陷了。”

大学同学、电影导演C会面时，曾忧心忡忡地说：“我到南部一所监狱拍片时才发现，里头关了几百个艾滋病患者，几乎都是走水路（指毒品静脉注射）共享针头引起的。”

“一碰毒品，几乎就救不回来了，”当警官的死党曾开玩笑说，“十个烟毒犯有九个会回笼，另一个是死在外面。”

石头一开始在狱中有严重忧郁症，认为自己罪孽深重，百身莫赎，也从不相信自己能活着走出铁窗，但他有了宗教信仰之后，时常想起二审开庭时，林姓女审判长义正词严地告诉检察官：“本案不是判多重的问题，而是应为国家留一个人才，让他出狱后为国家和社会多做点事，来弥补他所犯的错。”

出狱后，石头去找在狱中帮助他最多的更生团契[1]黄明镇牧师，一起协助辅导年轻的更生人，这才发觉毒品是伤害下一代最大的恶瘤。石头觉得帮助这群误入歧途的年轻人走回正轨，是他现在责无旁贷的天命。

其实这几年当局不是没看到沉疴，也不是不想做点事，教官室的“紫锥花”[2]实施有年，各校验尿、反毒慢跑、反

[1] 更生团契：指基督教中帮助犯错之人洗心革面、重新做人的人。团契，即伙伴关系，源自《圣经》中的相交一词。

[2] 紫锥花：紫锥花运动，指 2012 年 6 月台湾地区实行的反毒运动。

毒海报、反毒热舞、反毒球赛，从来没停过，但吸毒人口却一直往上飙。一位中学毕业生曾告诉我："我们学校整个沦陷了，学生都知道谁在吸毒，只有老师不知道。吸毒的男同学上高中后容易被帮派吸收，女生则容易走上特种营业，或被特种营业用毒品控制，一辈子翻不了身。"

学者但昭伟认为品格教育失败，其中一个原因是"品格教育推动者大多没坏过"。但石头团契中的更生人，因为"坏过"，懂得学生染毒的过程，也更能现身说法，将一脚踏进地狱的年轻染毒者一个个救回来。

所以，既然做了那么多年的慢跑、海报、热舞、球赛都遏止不了下一代失速地往毒品靠拢，我们是否可以让更生人或因吸毒而差点毁掉一生的人走入校园，告诉（或惊吓、制约）学生们："下地狱的代价，远非他们可以承受。"

石头一直想起审判长讲的另一句话："培养一位人才不容易，要毁掉一个人却很容易。"现在已经到了一代人快被毒品毁掉的时候了，卫生福利主管部门推估台湾有多达二十余万人用毒，一个地区有超过一个百分点的人非法滥用药物，其中又以年轻族群为最大宗，我们怎能不心急！

面对从毒品、帮派到整个世代的沉沦，整个台湾像正打败仗的军队，我们真的不能再沿用过去失败的战术，或许该是校园开始与更生人合作的时候了。曾经碰撞过地底的石头，其实都是强度最高、最能引导年轻人从歧路掉头的领路人！

所以，明日起让我们改变战术，一起到地狱救人吧！

曾经碰撞过地底的石头，才是强度最高、最能引导年轻人从歧路掉头的领路人。

04 当一条干净的鲇鱼

在鲇鱼的追逐下，
鱼槽里的沙丁鱼拼命游动，
激发其内部活力，
因而存活下来。

这是爵士音乐节最后一晚，草悟道[1]挤到爆。我和妻只想逃出人群，这时听到一个小女生站在肥皂箱上，对着燥热的晚风自言自语：“动物也有生命权……我们要共同建立一个不受污染的环境……”她大概是这晚最寂寥的表演者，因为听众是零。

从市民广场绕回来，小女生仍继续慷慨激昂，但前面多了一个听众，我停下脚步，这个听众连忙给我一份传单（哈哈，原来真正的听众只有我一个）。小女生高举右手：“请支持有理想、有坚持的新生代候选人。”这太有趣了，小女生要选市议员！她只有23岁，刚过年龄门槛。我问她哪里来的勇气。

“看到台湾政党僵化的体制，看到一堆悬而未决的问题，我们年轻人一定要跳出来，从体制内改革。”好大的口气，但不禁想，谁会选她？

尔后我选了一天中午，特地驱车拜访她，永兴街市场里窄仄阳春的竞选总部是租来的，但一堆年轻志工的热情是自己的。有风时，小小的竞选旗帜一样迎风飞扬。墙壁上醒目

[1] 草悟道：Calligraphy Greenway，台湾省台中市市中心一整段大范围的绿园道，全长3.6公里。

的阿拉伯数字“4”告诉大家，成绩揭晓的日子要到了。

当我知道当选门槛是一万五千票时，不禁倒抽了一口凉气，问他们是否有信心。“有，这里的首投族有三万人。”但年轻人会回乡吗？回乡会投她吗？只有飘在空中的理念票，我不敢设想开票时他们的表情。

若选上会永葆纯真？永远坚持初衷？知道地方议会工程分配款的陋习吗？愿意永远不出卖灵魂交换利益吗？眼神笃定的候选人猛力点头。我问：“若落选，愿意四年后再来一次吗？”女孩清澈的眼神有一丝茫然：“我现在真的没办法回答这个问题，现在只想打好这一次选仗。”

她真的有太多无法回答的问题，票数若未过选举人的5%，二十万新台币保证金（约合四万三千元人民币）就会被没收，已战到最后一刻，小额募款的三十万新台币（约合六万五千元人民币）也早已透支，23岁的她在等待市民给的回答。

四天后结果揭晓，总得票数：六千七百八十四票，得票率8.81%，漂亮冲过关卡，保证金不会被没收，但离当选门槛仍远。

2014年的九合一选举是台湾迈向清廉政治的起点，因为标榜清廉的政治素人可以当选台北市长；经营脸书粉丝专页服务的26岁中坜人可以靠二十六万人点赞当选市议员；甚至与小女生同党的29岁竹科工程师，在记者摇头说“胜选概率是零”的情形下，竟然在短短三个月时间击败了最大党的候选人，成为集集镇镇长。

这位新镇长的选举标语是“让我们年轻人做一点事”，真的，这个世界正期待年轻人为大家做一点事，像当选希腊总理的齐普拉斯（Alexis Tsipras）才40岁，最可能翻转西班牙政治的“我们可以党”的党魁伊格莱西亚斯（Pablo Iglesias）才36岁。

政治上，年轻人就像鲇鱼。当挪威人捕捞到深海沙丁鱼，他们会在沙丁鱼槽里放进鲇鱼。鲇鱼是沙丁鱼的天敌，出于天性不断地追逐沙丁鱼。在鲇鱼的追逐下，沙丁鱼拼命游动，激发其内部活力，因而存活下来。

我年轻时也以为年轻人上台了，台湾就有活力，但二十多年前，我们从街头将年轻的神推向高位，然后他们受不了诱惑，长成失去理想的沙丁鱼。今天我们再一次迫切地想在鱼篮里多放几条鲇鱼，来解决世间的沉疴。

败选后问小女生：“四年后再来吗？”她深思熟虑后点点头。在网络上看到她仍持续关心市政议题，显现未来参选的决心，衷心期待小女生四年后成为亮眼的大女孩，然后永远当一条干净的鲇鱼！

永葆纯真，永远坚持初衷。期待小女生四年之后长成亮眼的大女孩，永远做一条干净的鲇鱼！

05 留一座花园

对父亲念念不忘，我辈亦应如是。

我们不该忘记，一生受难、一生创作、一生以台湾为念的伟岸精魂——杨逵。

“3、2、1，开机！”

导演一声令下，义务帮忙的东海大学生，在小雨中开始绕着一位耆龄老翁走位。微佝的老翁好像被时间遗忘，任凭青春的生命在眼前无声过往。他是一位高工退休老师，单名“建”，在台湾遭遇苦难时，他的父亲以他的名字期许台湾，走上“重建”之路。

他今年已 79 岁，而他父亲离世那年也是这个年纪。

“卡！”就读高中的导演兴奋地大喊，“杨建老师太棒了，一镜 OK，完全就是我要的‘被遗忘’的感觉。”这时东海的学生高兴地围过来合照：“我们初中时在课本上读过《压不扁的玫瑰花》，想不到现在可以和作者的亲人合影。”

拍完照，我用力握着杨建老师的手：“老师，谢谢！老师，辛苦了！”我没有想到一个长者愿意在斜风细雨中，听令一个孙子辈的高中生指示走位。

“不辛苦，不辛苦。”杨建老师谦虚道，“都是为了杨逵两个字嘛。”

是的，我们今天共淋这场雨，都是为了在这个都市蛰居五十年、台湾新文学的鼻祖、进入日本中央文坛的第一人——

杨逵。但杨建老师曾经非常不谅解这个名为“杨逵”的人，是他最亲密的陌生人。

在杨建老师所作《一个支离破碎的家》中提到：“1949年4月8日，房子都还没有盖好，父亲就因为起草《和平宣言》一文，呼吁各省籍同胞互信互爱而锒铛入狱，还谪绿岛，开始长达十二年的孤苦生涯。另一方面，家中因为父亲获罪也陷入了困境，大姊、大哥和我都辍学在家……家中又无分文积蓄，所以只得自己做酱油、豆腐，沿街叫卖……我们虽然没有一起牵连入狱，却在现实生活中到处碰壁……”

但是在杨逵先生逝世（1985年）一年后，杨逵为家人一字一泪写下的《绿岛家书》终于辗转回到杨建手中，览毕，他感觉那个温煦如春日的父亲又回来了。他说：“翻看这些家书时，第一次觉得父亲的爱像阳光一样暖热了我的心，文字虽然含蓄却如此真实。是的，什么宇宙大爱、社会关怀，如果不能从身边开始，只不过是一些经过包装的装饰品。”

手头并不宽裕的杨建老师一心孺慕，想把父亲的爱化为宇宙大爱，他想把地价上千万的杨逵东海花园旧址捐给政府，成立“杨逵文学花园”，让这座杨逵俯仰行卧、钟爱半世纪的文化城，多一个可碰触的文学气场。

然而市府对此案延宕十余年，甚至在2009年将东海花园规划为殡葬用地。今日与人齐高的杂草淹没了当年的花圃，昔日杨逵先生亲手搭建的房子业已颓圮，目前尚存杨逵夫妇墓，墓旁镶嵌杨逵先生一生的理想——《和平宣言》："我们相信，以台湾文化界的理性结合，人民的爱台湾热情，就可以泯灭省内省外无谓的隔阂。我们更相信，省内省外文化界的开诚合作，才得保持这片干净土，使台湾建设上轨，成个乐园……"七十七个寒暑后，墨香犹存，今日重读仍字字铿锵，掷地有声。

我和学生拍完影片，计划推动一连串活动，冀望唤起重建东海花园的计划。如同杨建老师的女儿杨翠教授所言："日本歌人石川啄木出身岩手县，27岁辞世，但全日本计有一百四十座石川啄木的歌碑。奥地利裔德语作家里尔克（Rainer Maria Rilke），曾在西班牙南方小山城隆达住过几个月，投宿维多利亚女王饭店，饭店中还有里尔克铜像和纪念室，隆达有一条街，街名就叫里尔克街。"但台中市却不愿意为一个文学活动以台中为母胎的世界级作家，留一座花园。

79 岁的杨建老师已为这个理想奔走几十年，问他累吗，问他舍得千万元的土地吗，他苦笑摇摇头说：“哎，因为杨逵两个字啊！”对父亲念念不忘，我辈亦应如是。我们不该忘记，一生受难、一生创作、一生以台湾为念的伟岸精魂——杨逵。在 2015 年，杨逵先生逝世三十周年，大家一起努力让东海花园重生，也让世世代代所有芳香的玫瑰花，仍鲜艳地绽放世人面前，残香犹留天地间！

让世世代代所有的芳香的鲜花，仍鲜艳地绽放在世人面前，残香犹留天地间！

06 笨死的美国人

汉密尔顿在总统选举时，

因为认同杰斐逊是更好的人，

而不支持同党的候选人伯尔，

结果伯尔找他决斗，

汉密尔顿因此中枪死亡。

1770 年，波士顿大屠杀，英国士兵杀了五位平民，一心想搞独立的约翰·亚当斯（John Adams），竟然担任英军辩护律师，还用力打赢了这场官司，结果除了两名开枪的士兵在手指上烙印外，其他英军都无罪释放。

波士顿姊妹校来台参访，曾在美国热情招待我的 Linda 老师也飞来了，我觉得好兴奋，赶快提出心里长久的疑问："美国人当时恨死了长相矮胖的约翰·亚当斯，为什么还要选他当第二任总统？"

"他真的不受欢迎，"懂六国语言、学识广博的 Linda 微笑说，"本来轮到他起草《独立宣言》，但他自己说：'我是讨人厌的家伙，换别人吧！'最后才由托马斯·杰斐逊（Thomas Jefferson）完成。其貌不扬的他，心胸宽大，总是将公益放在私利之前，竟然把成为'美国国父'的良机，拱手让给他一生的政敌——那个太专注、太孤僻、有点亚斯伯格症[1]倾向的杰斐逊；而且之后还愿意躲在幕后，与富兰克林（Benjamin Franklin）帮忙修改四十多处宣言。所以虽然大家私底下不喜欢他，还是认同

[1] 亚斯伯格症：Asperger's syndrome，是神经发展障碍的一种，可归类为孤独谱系障碍。其重要特征是社交困难，伴随着狭隘及重复特定行为，但仍保有语言及认知发展。

他是好人，十六州中，九州岛把票投给他当总统。”

“这太不符合人性了，人不自私，天诛地灭，公利怎可能压过私利？对台湾人而言，只要是政敌，捉住辫子一定打到趴为止。”

“你知道马丁·路德·金（Martin Luther King）吧？”

“当然知道，他是黑人人权领袖，他的演讲稿《我有一个梦想》被编进台湾的英文课本。”

“美国当时的情报头子胡佛（John Edgar Hoover）恨他入骨，所以把监录马丁·路德·金与婚外女性偷情的录音带寄给全美几百家报社，但是没有任何一家公布，即使是讨厌他的报社也没有。”

“哇！这怎么可能？在台湾只要是独家就有赚不完的钱，他们怎么舍得不穷追猛打？”

“Vincent，这就是你刚刚讲的，他们考虑的是，黑人人权运动不能死在他们的私利追求上。”

我太感动了，想到读过美国另一开国元勋——建立美国财税系统、印在美金十元钞票上的汉密尔顿（Alexander Hamilton）。我说：“听说汉密尔顿在总统选举时，因为认同杰斐逊是更好的人，而不支持同党的候选人伯尔（Aaron Burr），结果伯尔找他决斗，汉米尔顿因此中枪死亡。"

"是的，不支持同党的结果，不仅搞得众叛亲离，还因此失去性命，他才活了49岁。"

"唉，我现在也是49岁耶，汉密尔顿枪法差吗？"

"不，汉密尔顿在独立战争时自组炮兵团；美法对战时是新军的指挥官。他是娴于枪法的战将，但他在决斗前一晚的日记中写道：'我知道我是不会开枪的……'"

"好笨！好笨！汉密尔顿为何不开枪？对于自己恨的，或是恨自己的人，抓到机会一定要开枪，还需要去考虑这个人以前做过多少好事吗？在台湾，一个再好的人只要做错一件事，不仅媒体开炮，全民也会一起乱枪扫射，打到他不能做事为止，搞得全台湾精英人人中枪，全民爽嗨了，终于实现真正的'民主'，你们美国人只想到公利，只想保护好人，这实在是太……太奇特了（其实我本来是想讲愚蠢的）。"

Linda只是优雅地微笑，没有回答我，对于"笨死"的美国人，我一直想问……

汉密尔顿，你为何不开枪？

07 做好生命的防守

仿佛只在昨天才和你说再见

怎么这样眨一眼　已经过了许多年

你的一切都改变　再也不像从前

那带笑的嘴边　皱纹已呈现

“蔡老师，你会原谅他们吗？他们犯错时是那么年轻。”

眼前发问的大男生L身高接近一百九十公分，他曾是“中华”职棒的强投，曾拿下胜投王、防御率王和年度MVP[1]，生涯防御率更是低到令人咋舌的1.9，也就是说让他投九局，只会丢1.9分，他是“中华”职棒史上“防御”最好的选手之一。

但我们今天谈的重点不是他的丰功伟业，而是两位和他最要好的天才型投手。一位是高中大他一届的学长C，创下台湾球员日职签约金最高纪录，曾以连续二十八局夺三振，成为“日本职棒连续三振局数”的纪录保持人。另一位是T，“他是天生的投手，明星中的明星。”L用近乎崇拜的口吻形容T，T也是台湾首位登上美国职棒大联盟的投手。

然而C和T都因涉赌，在生涯高峰遭永久禁赛。

“桌上一边摆的是枪，一边摆的是你一年的薪水，还有一身香水味的美丽女子依偎。当世界用最诱人的视觉、嗅觉和触觉蛊惑你用一场球交换，你的灵魂再怎么强都会点头吧？蔡老师，他们那时还那么年轻！你会原谅他们吗？”L

[1] MVP：指最有价值球员奖。

讲得不舍，让我一颗心揪在一起。

我也有太多的不舍，不舍身边的新星因为抗拒不了黑洞般的引力，一颗颗被吸进去，从此失去发光的机会。

譬如在海关任职的B，和在警界服务的M，他们的部门长期收贿，如果加入“传统”，每个月可多领半个月的薪水，不加入就要被调职。所以他们“融入”了、“习惯”了，等到东窗事发，不仅被拔掉公职，失去一生清誉，还命系囹圄，那时他们都不到30岁。他们，都曾是我清清白白的学生。

诱惑，什么形态都有，但一样噬人，譬如被弗洛伊德（Sigmund Freud）奉为大神的“性的驱力”和哈姆雷特（Hamlet）的“复仇欲望”。那个燠热的夏日，死党石头颤巍巍立在他们跟前，因为灵魂的重量不足，被拉了进去，一进去就是铁窗八年。

“我没想到自己能够活着出来。上这一堂课，好贵呵！”同学聚会时，往事前尘积压在石头的喉头，他的声音降了十六个key，“我被拔掉律师资格，失去了婚姻，还错过了儿子最宝贵的成长时光，刚进去时他还是个黏爸爸的小学生，现在已是个高三大男孩。我上的这一课，你们要懂。”

“记得要远离身旁的诱惑。”上次会后，石头如是祝福我们，因为他知道我们终生都在练习抵抗诱惑。

那天聚会回程，我握着方向盘，往事霸图如昨。我想起三十年前，石头拿着吉他，拨着钢弦，唱着《大海边》和《木棉道》的单纯快乐。那是心灵的桃花源，再次造访竟已不复寻。这些年，一个个朋友在诱惑大神的追赶下，相继点指，成为石人，再也发不出那年青春单纯的声音。

青春，可以如此单纯，也可以如此复杂；可以如此辽敻，亦可以如此短暂，短暂到只要一个错步就是永别。青春就像民歌《阔别》的最后两句歌词:“青春已消逝，成了过眼烟云，曾许下的狂言，是否都已实现？”

C和T，哪一个不狂勇，他们敢站在投手丘上与全世界强棒对决，为“中华”队拿下一场场国际赛的胜利，但当他们与诱惑对阵时，竟败下阵来。

“蔡老师，你会原谅他们吗？”那日回答L我会原谅，但这个世界却无法原谅他们。他们球场上的防御率再低，一旦灵魂的防御没做好，生命这一场最重要的球赛，终究失败。

L曾经在台湾涉赌最深的球队打球，但他不像C和T一般，轻易交出生命的球权，他仍是我心目中“防御率”最低的投手，所以身旁美丽的女子决定与他“厮守”一辈子；还有他身旁的经纪人，我的学生Renee，被他单纯而强大的灵魂所感，在L为台湾苦战韩国，三振十人，却换来几乎结束运动生命的伤害后，决定守护他一辈子。

诱惑再大，都比不上付出的代价大；抗拒诱惑的力量再微小，日后换得的回报都不小。青春一眨眼就是许多年，只需要一点点诱惑，一生就是过眼烟云。所以，我把C、T和石头都当成自己的生命导师，因为我知道，这一生，每一天、每一刻都必须经历诱惑的试炼，但我会学L，先做好防守，然后才会有真正的进攻。

“曾许下的狂言，是否都已实现？”我深信，当我们能够强大到防守生命的种种诱惑，曾许下的狂言终有实现的一天。

青春曾许下的狂言，是否都已实现？

08

骑士们，保护骑士吧

《骑士宣言》的第一条是："我会善待弱者。"

2002年8月，报载台中市一名商专女骑士，为闪避并排停车遭公交车碾毙，我拿着报纸问身旁的学生："我们能做些什么？"隔天我们印了两千份"并排停车，可耻"的传单，分组上街头，夹在并排停车的雨刷上，有些商家和汽车驾驶对学生怒目相斥，但学生只是笑笑，回答："为了骑士。"

我们知道西方也有骑士，本是贵族的象征，源自此阶层的优越感，渐渐形塑出欧洲人民崇高的气度风范，例如《骑士宣言》的第一条是："我会善待弱者。"

真正的强者会善待弱者。1912年4月14日那个冰山环伺的夜晚，"泰坦尼克"号快沉了，当时世界首富亚斯特四世（John Jacob Astor Ⅳ）和世界第二巨富美国梅西百货公司创始人斯特劳斯（Ida Straus），都拒绝上救生艇。他们都富可敌国，身上却仍流淌着百年前祖先策马执戟、扶贫济弱的骑士血液，他们都用生命实践了比生命更尊贵的骑士精神。而到今天，西方的骑士还活着，活在一个手无寸铁的女性身上。

2014年12月，澳洲悉尼人质挟持案中，38岁女律师卡翠娜·道森（Katrina Dawson）在歹徒滥射时，以肉身扑向怀孕的同事，挡下了灼热的子弹。卡翠娜的丈夫是律师事务所合伙人，父亲亦是富豪，她已是世间权贵，但为何在石光电火当下，她只想到同事腹中的生命，却忘了自己也是生命，自己也有三个子女，都还不到 10 岁。

卡翠娜死了，骑士精神却活了，活了的骑士精神期望召唤更多骑士。

我族两千年前也有士，可以靠知识技能轻易地跻身权贵，但他们以苍生为念，愿舍身而就义，他们是我族文化上的贵族。但士的精魂似乎迷路了，离散在历史更迭的滩头。今日“自认”贵族者，胯下无鞍，但有铁皮钢骨的四轮座驾，在店招酒肆前，停在今日骑士仅有的窄仄车道上，使骑士们必须在快车道闪躲竞速。

台湾近三年的机车事故死亡人数均超过一千一百人，最多的族群是 20 到 29 岁，还买不起汽车的“骑士”。或许今日生活较尊贵的房车阶级，可以反思西方“骑士”与我族固有的“士人”精神，体悟到真正的贵族永远愿意为弱势多做一点。今日已不用牺牲生命，只要将车停在正确的位置，就可以给机车骑士多一份保障。

在没有贵族的年代，我仍期待行为上的贵族出现，他们愿意多走几步路，不并排停车，活出令人尊敬的“骑士精神”。

09 对的人才会认错

新人哪有不犯错的，
但愿意诚恳认错的，
可以表现出他“勇于承担”“愿意学习”
与“缩小自己”等三大特质。

空气凝结，我在倒数计时。

6：30一到，我把所有迟到的学生挡在门口："你们不知道晚自习开始的时间吗？如果不懂得利用时间，你晚上留下来能念多少书？"

"我们篮球队练球""我们热舞社刚练完""今天老师留第九节加强"，学生你一言我一语，我不知道还要不要坚持。

"不要有理由，迟到就要受罚，现在进去收书回家念。"为了呼应同仁要我"硬起来"的要求，我决定坚持。

一位男学生用力撞开门，嘴巴念念有词，就要去收书。"你给我过来，刚刚什么态度。"

我扯开喉咙使用威权恫吓他，师生脸色都难看，这时我看到另一批"迟到大队"接近，才知道刚刚被我斥责的学生还算是"早到"的，也才明白没有充分沟通所下的命令都会有盲点。我决定不再坚持，放所有的学生进去念书，再和学生研拟出更"人性"的规定。

男学生背着书包，暗念一句国骂，就要冲出去。

"你不要走，过来。"

“老师要我走，我不能离开吗？”

“等我说完对不起，你再走。”

“对不起？”学生被我搞迷糊了。

“我要说对不起，因为第一，我决策错误；第二，老师不应该对学生大吼大叫。”

“哈？”学生慌了，马上卸除武装，“老师，我才应该说对不起哩，我刚刚态度不好，还骂了一声……”

“我有听到，但没关系，有谁不犯错的。”

这个火爆的夜晚，最后有好莱坞俗滥电影的温情大结局，两个原本剑拔弩张的男人，最后弃甲曳兵来个拥抱，彼此微笑告别。

我不禁思考，先认错的人，为何可以取得领导权？

一位担任主管的朋友曾告诉我他如何在一批新进人员中，挑出领导人。“我找最敢认错的那一个！因为新人哪有不犯错的，但愿意诚恳认错的，可以表现出他‘勇于承担’‘愿意学习’与‘缩小自己’等三大特质。”

“这不是我在研究所学到的‘领导人三大特质’吗？”

我对他的解释非常诧异。

“是啊！而那些死不认错的人却推卸责任、不愿思考与自以为是。”

朋友的话让我想到在学校带社团时，最害怕遇到死不认错的同学，其实，只有不肯尝试的人才不会犯错，诚如IKEA创办人坎普拉德（Ingvar Kamprad）所言：“犯错，是积极行动，是学习者能从犯错中所独享的荣誉。”

的确，认错才是反省与学习的开始。反省并不是可耻的事，不反省的人才会让人觉得可笑。

当那些不被看好的学生说出“这是我的责任，我错了，请问我该如何弥补”时，我就知道，中了，又找到一员大将了。连大投资家索罗斯（George Soros）都说：“我的成功不是来自猜测正确，而是来自承认错误。”我们一般人真的不需要把认错当作羞耻。

一次领导一个小团队参加国际比赛，他们很明显犯了一个严重的错误，我在社团网页上留下一句话：“错了就错了，但谁可以告诉我，谁该负责任？谁要出来解决错误？”等了三天才终于有一个勇于认错的同学回复。

想告诉他们，这几年台湾人开始会以政治人物是否诚心认错当成检验品格的标准，新世代若想当未来的领导人，犯错时，请在第一时间站出来说："我错了。"如此，你可能就是这个世界正在寻找的"对的人"。

图书在版编目（CIP）数据

有种，请坐第一排 / 蔡淇华著. — 南京：江苏凤凰文艺出版社，2017.2

ISBN 978-7-5399-9866-4

Ⅰ. ①有… Ⅱ. ①蔡… Ⅲ. ①成功心理－青少年读物 Ⅳ. ①B848.4-49

中国版本图书馆CIP数据核字(2016)第313451号

书　　名	有种，请坐第一排
著　　者	蔡淇华
责任编辑	孙金荣
策划编辑	秦　蕊
特约编辑	田　华
文字校对	郭慧红
版权支持	张晓阳
装帧设计	张颖颖
封面设计	仙境工作室
封面插图	曦晨晨　凌寄译
内文插图	小耳牛牛　罗　松　吴　旻　ZRR
出版发行	凤凰出版传媒股份有限公司 江苏凤凰文艺出版社
出版社地址	南京市中央路165号，邮编：210009
出版社网址	http://www.jswenyi.com
经　　销	凤凰出版传媒股份有限公司
印　　刷	河北鸿祥印刷有限公司
开　　本	880毫米×1230毫米　1/32
印　　张	7.25
字　　数	112千字
版　　次	2017年2月第1版　2017年2月第1次印刷
标准书号	ISBN 978-7-5399-9866-4
定　　价	34.00元

（江苏凤凰文艺版图书凡印刷、装订错误可随时向承印厂调换）

FONGHONG
凤凰联动出品